高等职业教育工匠工坊新型活页式系列教材

大数据应用开发实战

郭立文　郑　赢　王海龙◎主　编
李　阳　郭　琳　宣慧东◎副主编

中国铁道出版社有限公司
2023年·北京

内 容 简 介

本书是由学校教师与企业工程师合作编写的新型活页式教材。全书以项目实战为主线，重点介绍了使用大数据平台进行项目开发的知识与技巧。本书内容主要包括大数据平台搭建基础及 Spark 集群搭建。大数据平台搭建基础包括 Hadoop 集群搭建及 HDFS 文件系统访问、MapReduce、Zookeeper、HBase、Hive 等功能。Spark 集群搭建包括 Scala 安装、Spark 集群部署等详细功能。通过本书的学习，读者可以掌握大数据平台开发的理论知识与技术技能，潜移默化地培养项目化思维，积累项目经验。为了便于读者更好地掌握技术，项目中涉及的主要知识点，以知识准备和知识链接两种形式讲解，同时提供项目实现操作全过程视频资源。

本书既可作为高职院校计算机类专业的教材，也可作为大数据技术开发人员的参考书。

图书在版编目（CIP）数据

大数据应用开发实战 / 郭立文，郑赢，王海龙主编. —北京：中国铁道出版社有限公司，2023. 4

高等职业教育工匠工坊新型活页式系列教材

ISBN 978-7-113-29849-4

Ⅰ. ①大… Ⅱ. ①郭… ②郑… ③王… Ⅲ. ①数据处理 - 高等职业教育 - 教材 Ⅳ. ① TP274

中国版本图书馆 CIP 数据核字（2022）第 221328 号

书　　名：大数据应用开发实战
作　　者：郭立文　郑　赢　王海龙

策　　划：翟玉峰　谢世博　　　**编辑部电话：**（010）83525088
责任编辑：翟玉峰　张　彤
编辑助理：谢世博
封面设计：郑春鹏
责任校对：刘　畅
责任印制：樊启鹏

出版发行：中国铁道出版社有限公司（100054，北京市西城区右安门西街 8 号）
网　　址：http://www.tdpress.com/51eds/
印　　刷：北京联兴盛业印刷股份有限公司
版　　次：2023 年 4 月第 1 版　2023 年 4 月第 1 次印刷
开　　本：787 mm×1 092 mm 1/16　**印张：**13.75　**字数：**311 千
书　　号：ISBN 978-7-113-29849-4
定　　价：53.80 元

前言

近年来，校企双方积极参与产教融合，主动整合优势资源共建“工匠工坊”，共同建设计算机类专业，共同实施课程改革，共同培养企业亟需的专业人才。在此背景下，编者基于多年教学经验，引入企业真实项目，并以教学规律、教学进程等为前提，编写了这部新型活页式教材，旨在为师生提供参考使用。

本书由教学经验丰富的学校教师和企业工程师共同开发，采用企业真实项目，将工作任务转化为学习内容。在内容组织上，摒弃了传统的知识架构，而是以项目为载体，采用工作任务模式，围绕项目开发来整合专业知识。本书适合采用教学做一体化教学方法，通过项目实战培养学生职业技能，从而胜任相关岗位工作。

本书包含项目准备、Hadoop集群的搭建、MapReduce实现、Zookeeper部署、HBase集群的搭建、Hive部署、Spark SQL处理、项目结项和项目评价等9个单元。每个单元按照项目实现过程划分为多个任务，每个任务由任务描述、任务目标、任务实现、任务考评、任务实训等部分构成，在任务实现过程中穿插知识链接来讲解知识点，以实现理论与实践的融合与贯通。

编者中，郭立文、李阳和郭琳来自陕西国防工业职业技术学院，郑赢来自沈阳职业技术学院，王海龙和宣慧东来自江苏一道云科技发展有限公司。全书由郭立文、郑赢、王海龙任主编，李阳、郭琳、宣慧东任副主编。全书项目案例、项目代码等由王海龙、宣慧东设计、编写与审核，郭立文和王海龙负责统稿。其中，单元1、单元2由郭立文编写，单元3、单元7由郭琳编写，单元4、单元5、单元6由李阳编写，单元8、单元9由郑赢编写。

由于编者水平有限，书中疏漏之处在所难免，敬请读者批评指正。

编　者

2022年10月

目录

单元 1 项目准备 1-1

任务 1 Git 的安装与使用 1–2
任务 2 账户创建 1–13
任务 3 环境搭建 1–25

单元 2 Hadoop 集群的搭建 2-1

任务 1 Hadoop 集群的搭建及配置 2–2
任务 2 HDFS 文件系统常用命令操作 2–16
任务 3 Java 访问 HDFS 2–24
任务 4 Java 操作 HDFS 目录和文件 2–40

单元 3 MapReduce 实现 3-1

任务 1 MapReduce Mapper 类实现 3–2
任务 2 MapReduce Reducer 类实现 3–8
任务 3 MapReduce 提交和打包 3–12

单元 4 Zookeeper 部署 4-1

任务 1 ZooKeeper 的安装 4–2
任务 2 Java 实现 ZooKeeper 对 Znode 的基本操作 4–10

单元 5 HBase 集群的搭建 5-1

任务 1 HBase 集群的搭建 5–2
任务 2 Java 实现 HBase 表建立 5–9
任务 3 数据的基本查询和过滤器查询 5–20

单元 6 Hive 部署 6-1

任务 1 本地模式安装 Hive 6–2
任务 2 Hive 的基本操作 6–10

单元 7 Spark SQL 处理 7-1

任务 Spark SQL 下载与安装 7–2

单元 8　项目结项 8-1

任务　产品发布及归档 8-2

单元 9　项目评价 9-1

任务　评价及总结 9-2

参考文献 C-1

网络出版资源明细表

序号	链接内容	页码
1	Linux系统安装	1-25
2	Hadoop系统搭建	2-2
3	数据上传HDFS操作	2-16
4	使用Hadoop MR对数据进行清洗	3-1
5	ZooKeeper集群介绍	4-2
6	用命令行对Hive进行数据查询和过滤	6-10

单元 1

项目准备

学习之前有必要搭建好开发相关系统环境，本单元涉及项目的环境搭建、开源版本控制系统的安装和使用等技能，因此任务划分为 Git 的安装与使用和环境搭建。

通过本单元的学习，使学生掌握大数据平台环境搭建的知识，培养学生安装和使用软件工具的能力。

知识目标

了解 Git 分布式版本控制系统和大数据平台的特点。

技能目标

掌握 Git 的使用方法和大数据平台的搭建方法。

任务1 Git的安装与使用

任务描述

情境描述	张亮团队成功搭建了基础数据分析的开发环境，同时为了让团队协作更加顺畅，让小组高效地处理项目版本管理，决定引进Git软件。 根据张亮团队的反馈，如果张亮发现两个开发者之间有冲突（他们之间可以合作解决冲突），就会要求他们先解决冲突，然后再由其中一个人提交；如果张亮可以自己解决，或者没有冲突，就通过
任务分解	分析上面的工作情境，将任务分解如下： （1）Git的安装。 （2）Git的使用
任务准备	在Git使用之前我们要安装好Git软件。本任务主要进行的是Git的安装和创建。 总而言之，安装Git软件及使用之前，要满足以下要求： （1）Git的安装和配置SSH。 （2）添加公钥到Gitee服务器。 （3）熟悉Git的一些基本命令

任务目标

知识目标	了解分布式版本控制系统，掌握Git的使用方法
技能目标	能够独立进行项目开发的账号准备
素质目标	细心与严谨：在创建虚拟环境和项目的过程中，通过解决诸如环境变量配置错误、依赖包版本错误等问题，提高个人耐心与严谨作风

任务实现

步骤：Git的安装

（1）打开Git网站，如图1-1-1所示，然后单击“Download”按钮，进行下载。

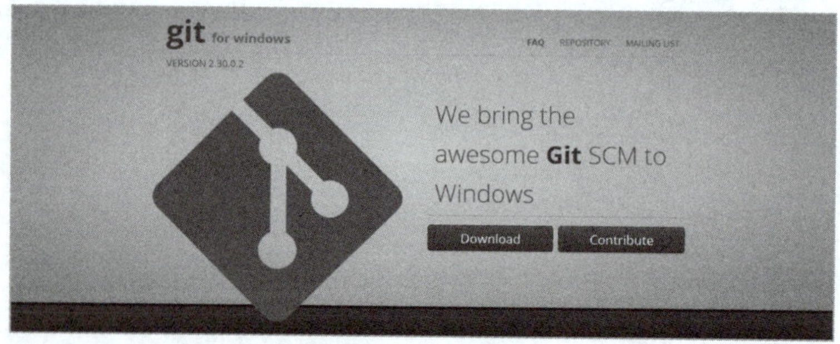

图1-1-1 Git网站

（2）下载完成后，单击可执行文件进行安装。第一个页面单击“运行”按钮，如图1-1-2所示，第二个页面单击“是”按钮，如图1-1-3所示。

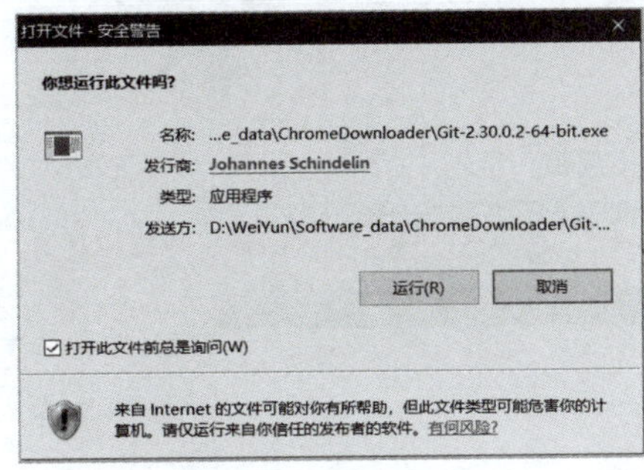

图 1-1-2　打开文件

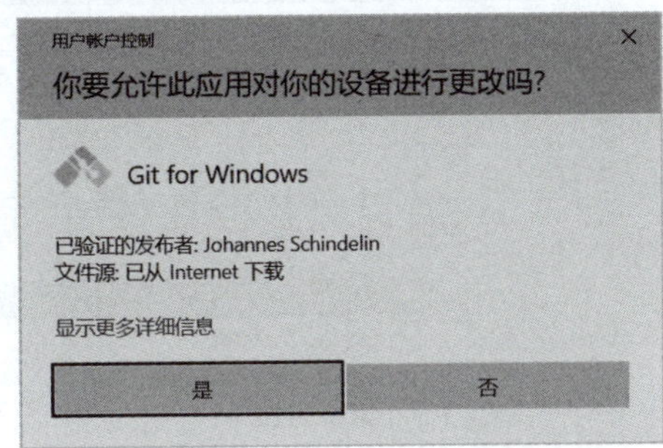

图 1-1-3　用户账户控制

（3）在安装页面后，单击“Next”按钮，如图1-1-4所示。

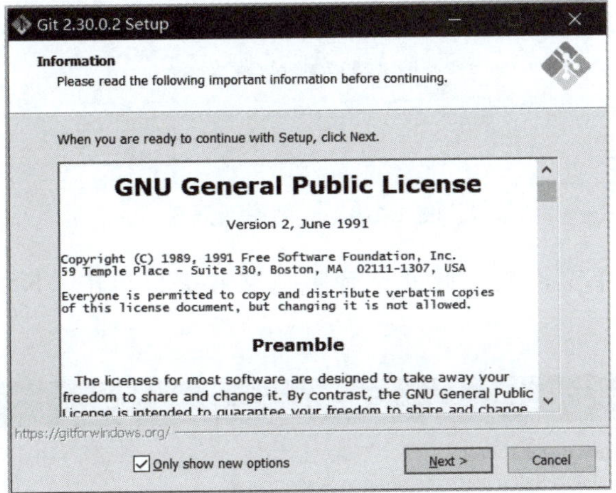

图 1-1-4　安装对话框 1

（4）设置安装路径，设置完毕后，单击“Next”按钮，如图1-1-5所示。

图 1-1-5　安装对话框 2

（5）选择以下复选框，单击“Next”按钮，如图1-1-6所示。

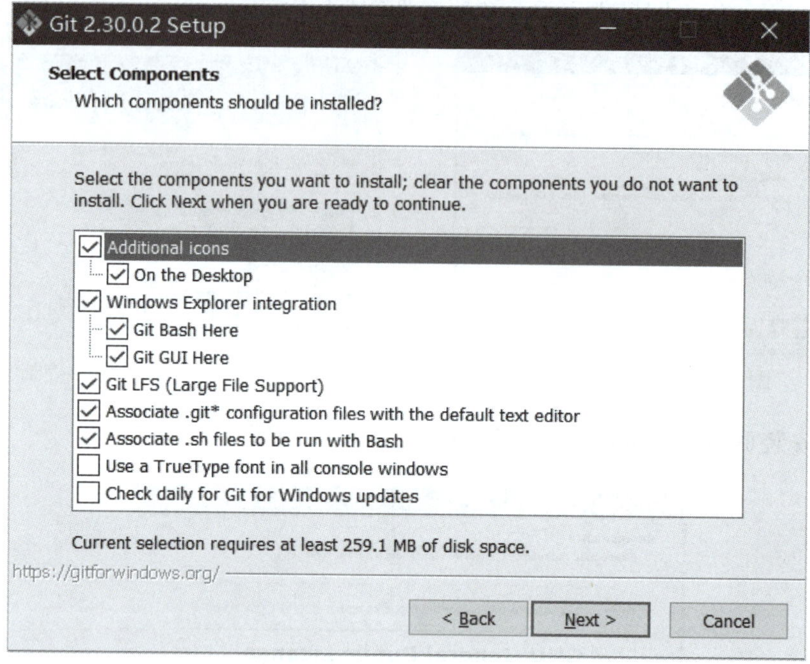

图 1-1-6　安装对话框 3

（6）选择开始菜单文件夹，此处选择默认文件夹，单击“Next”按钮，如图1-1-7所示。

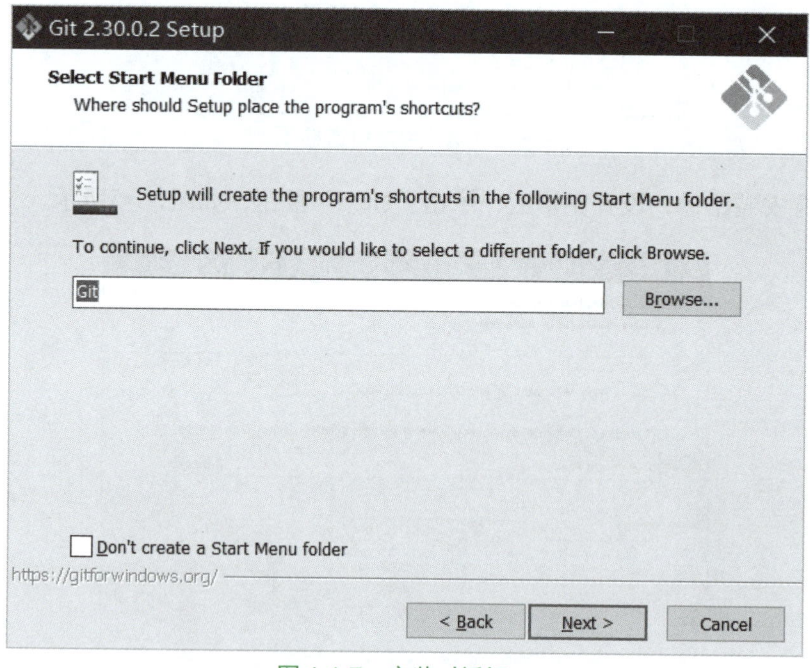

图 1-1-7　安装对话框 4

（7）选择Git编辑器，一般选择默认方式“Use Vim”，单击“Next”按钮，如图1-1-8所示。

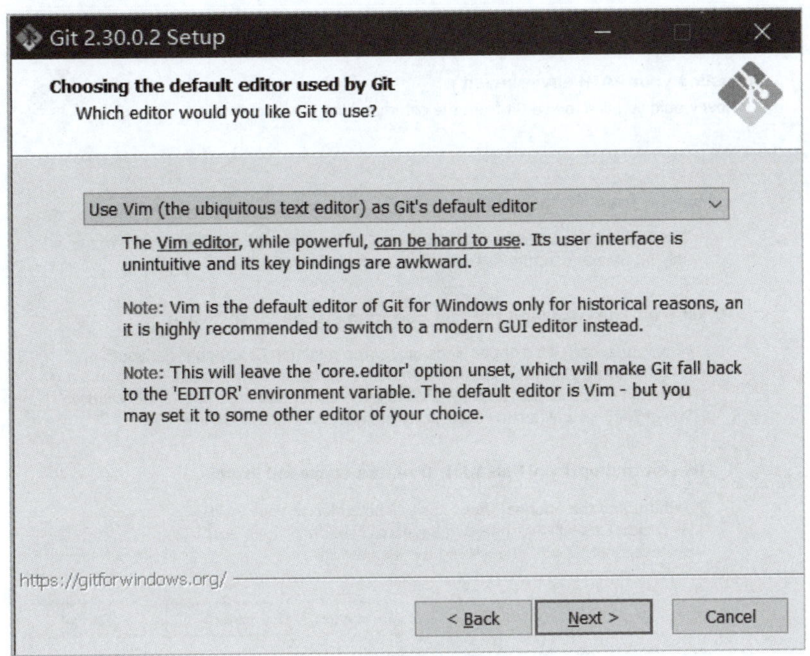

图 1-1-8 安装对话框 5

（8）调整新存储库中初始分支的名称，选择“Let Git decide”单选按钮，单击“Next”按钮，如图1-1-9所示。

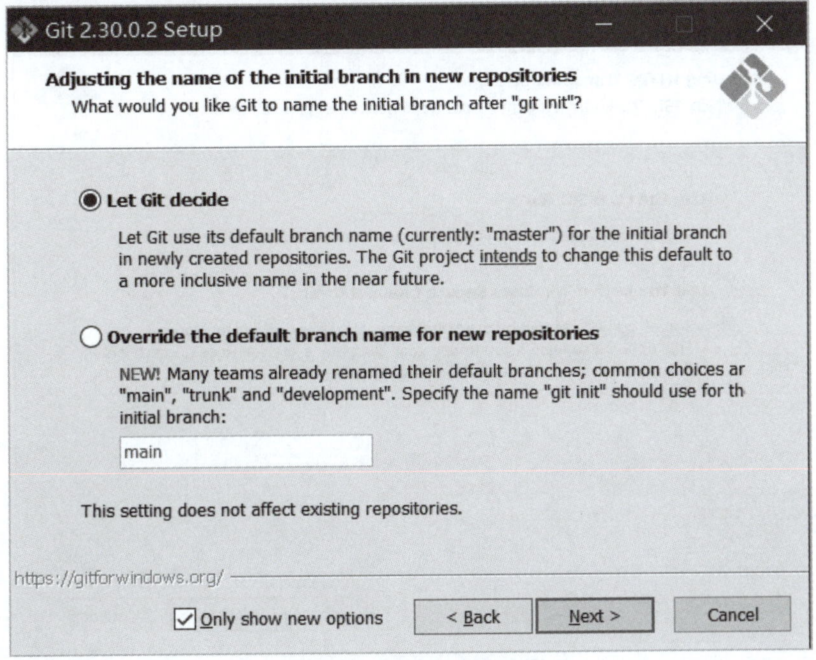

图 1-1-9 安装对话框 6

（9）选择Git的执行环境路径，选择“Git from the command line and also from 3rd-party software”单选按钮，单击“Next”按钮，如图1-1-10所示。

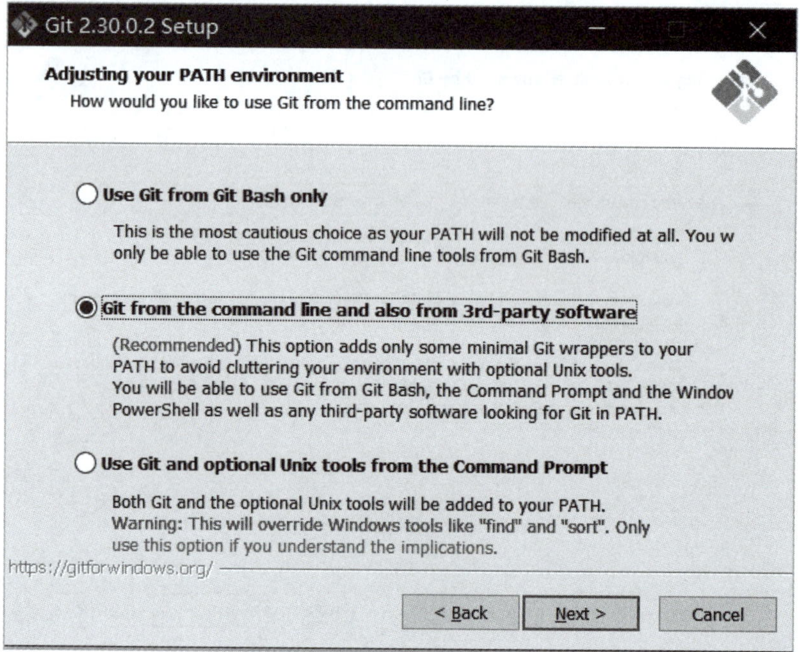

图 1-1-10　安装对话框 7

（10）选择HTTPS的传输端，选择“Use the OpenSSL library”单选按钮，单击“Next”按钮，如图1-1-11所示。

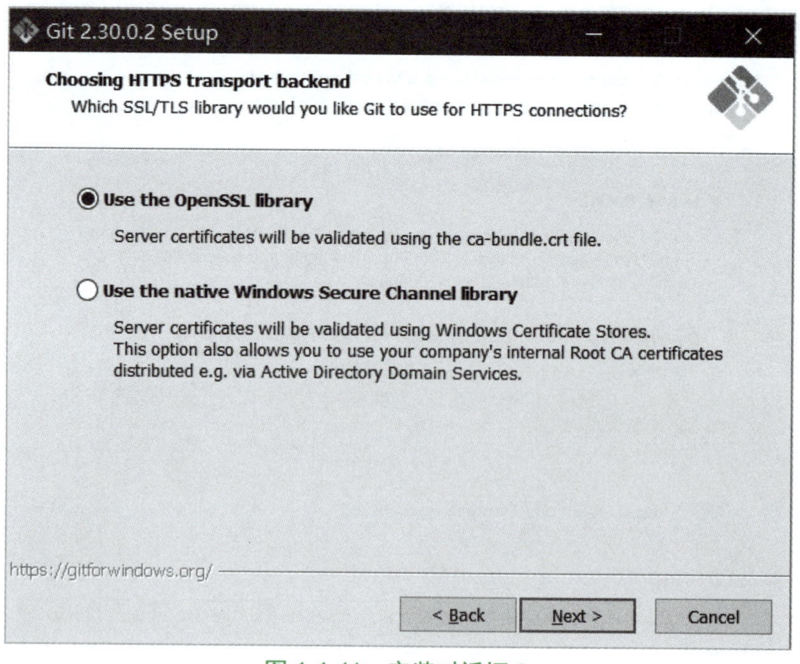

图 1-1-11　安装对话框 8

（11）配置行尾转换，选择“Checkout Windows-style，commit Unix-Style line endings”单选按钮，单击“Next”按钮，如图1-1-12所示。

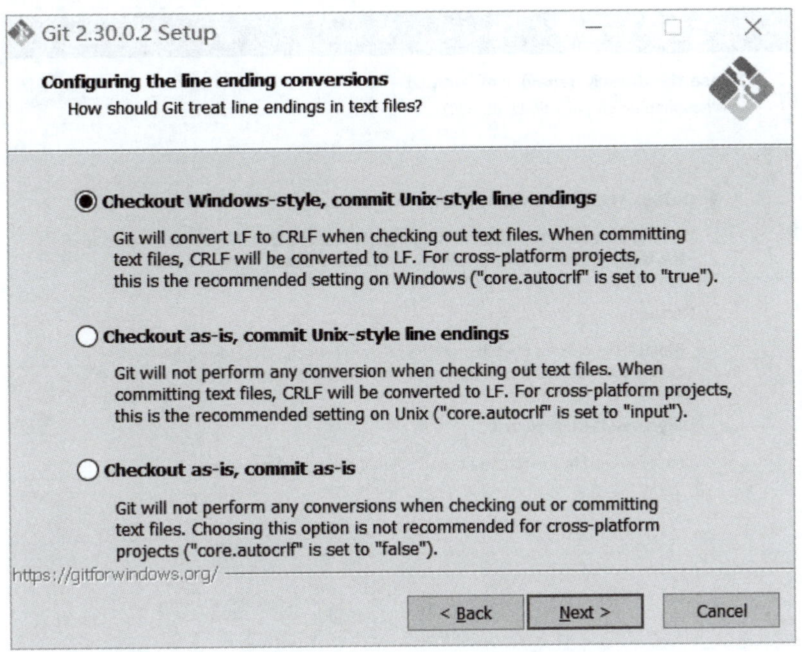

图 1-1-12　安装对话框 9

（12）配置Git终端，选择“Use MinTTY（the default terminal of MSYS2）”单选按钮，单击“Next”按钮，如图1-1-13所示。

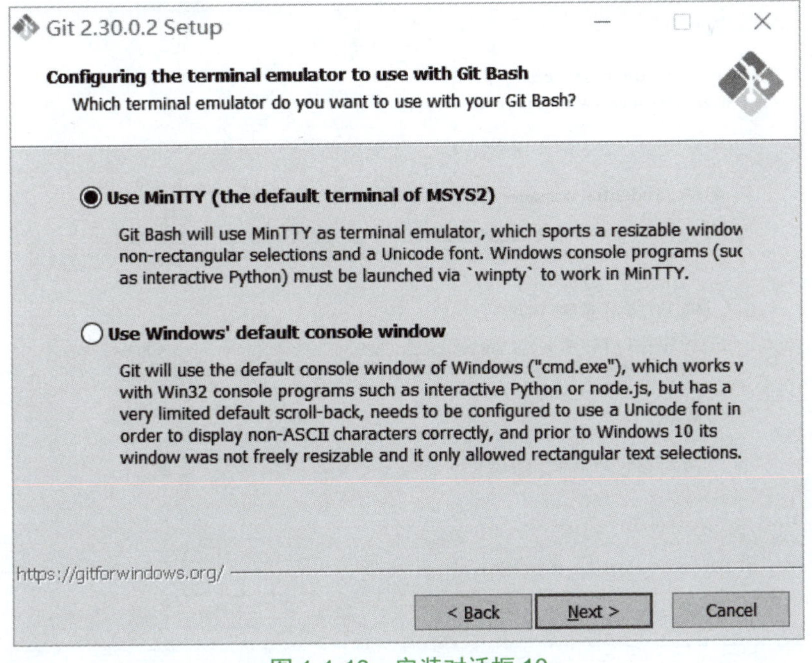

图 1-1-13　安装对话框 10

（13）选择git pull方式，选择“Default（fast-forward or merge）”单选按钮，单击“Next”按钮，如图1-1-14所示。

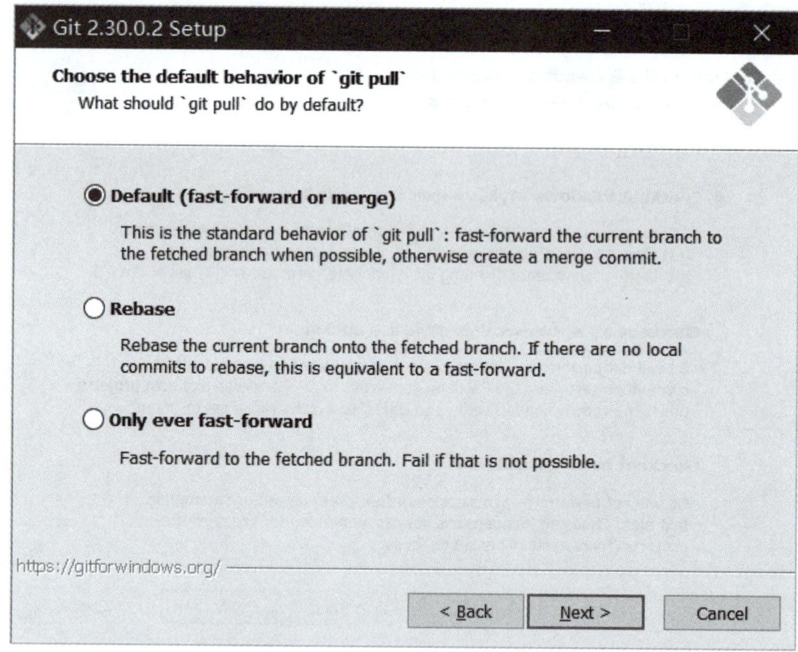

图 1-1-14　安装对话框 11

（14）选择Git凭据管理器，选择“Git Credential Manager Core”单选按钮，单击“Next”按钮，如图1-1-15所示。

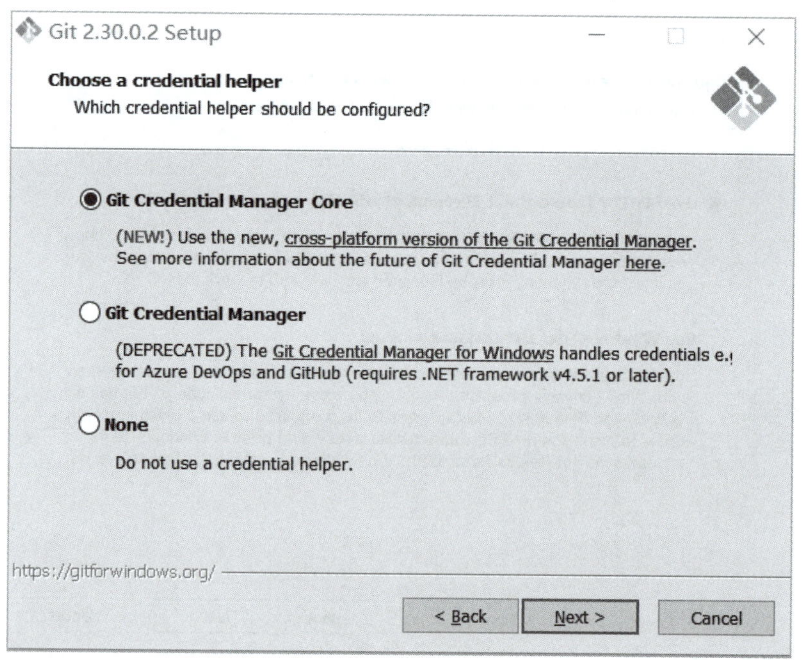

图 1-1-15　安装对话框 12

（15）Git的额外配置，勾选“Enable file system caching”复选框，直接单击“Next”按钮，如图1-1-16所示。

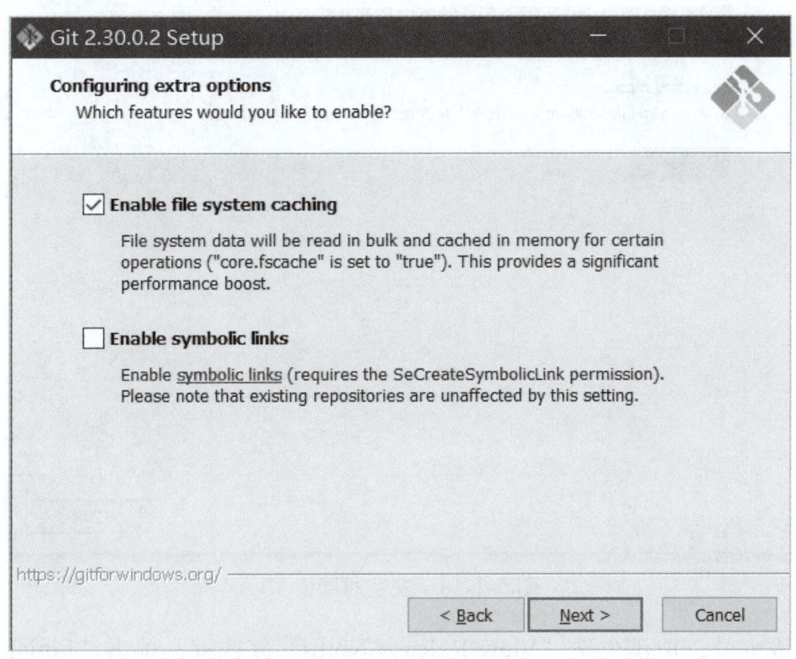

图 1-1-16　安装对话框 13

（16）配置测试选项，选择“Enable experimental support for pseudo consoles”复选框，单击“Install”按钮，如图1-1-17所示，等待安装即可，如图1-1-18所示。

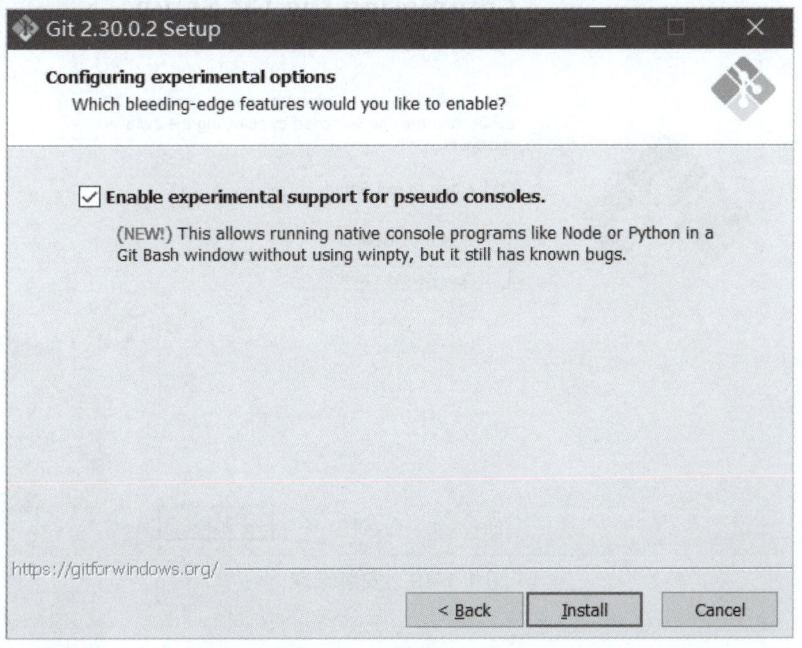

图 1-1-17　安装对话框 14

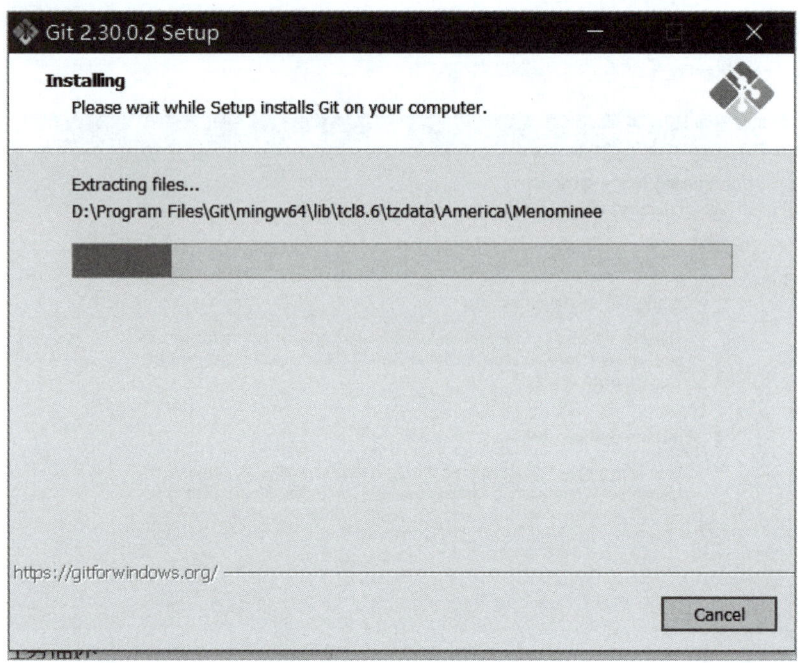

图 1-1-18　安装对话框 15

（17）完成安装，取消勾选“View Release Notes”复选框，单击“Finish”按钮，Git安装完毕，如图1-1-19所示。

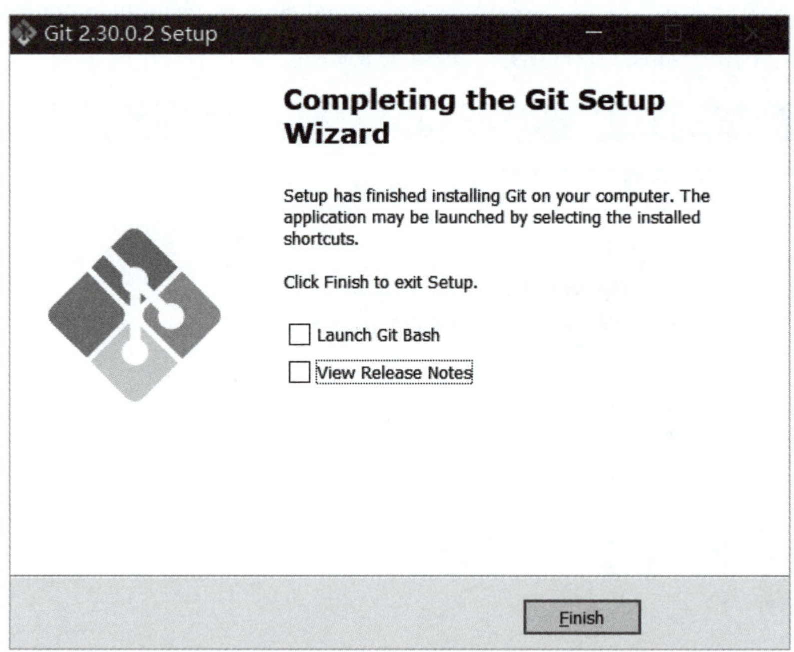

图 1-1-19　安装结束

任务考评

【创建项目】考评记录

姓名		完成日期	
序号	考核内容	标准分	评分
01	打开 Git 官网，进行下载，单击可执行文件进行安装	10	
02	出现安装页面后，单击“Next”按钮，设置安装路径，选择复选框	5	
03	选择开始菜单文件夹，此处默认，选择 Git 编译器同样默认	5	
04	调整新存储库中初始分支的名称，选择“Let Git decide”单选按钮	15	
05	选择 Git 的执行环境路径，选择“Git from the command line and also from 3rd-party software”单选按钮	15	
06	选择 HTTPS 的传输端，选择默认；配置行尾转换，选择默认；配置 Git 终端，选择默认	15	
07	选择 git pull 的方式，选择默认；选择 Git 凭据管理器，选择默认；Git 的额外配置，选择默认	15	
08	配置测试选项，勾选【Enable experimental support for pseudo consoles】，单击【Install】，等待安装成功即可	20	
总评分		100	

任务实现心得：

任务实训

任务实训	熟悉并掌握Git的安装与使用
任务目标	准备能够独立进行项目开发的账号
任务总结	

任务2 账户创建

任务描述

情境描述	在项目经理小明安排下，小组成员均成功安装Git。在接下来的每个任务中，使用码云保存代码、TAPD布置任务、CSDN写笔记。所以需要注册企业SaaS产品研发所使用的项目账户，包括：码云账号、TAPD账户、CSDN账户。这些账户可以使本次任务开发方便，快捷，高效
任务分解	分析上面的工作情境，将任务分解如下： （1）码云账号创建。 （2）TAPD账户创建。 （3）CSDN账户创建
任务准备	在任务开始时，首先需要根据任务要求创建产品账户，前提是你要保证手机号和邮箱的畅通，可以接收验证码和注册验证。简单来说，创建账户时，要满足以下要求： （1）手机号：一个常用或专用创建账户的手机号。 （2）邮箱：主流邮箱都可以，如QQ邮箱、网易邮箱等

任务目标

知识目标	了解掌握Gitee、TAPD、CSDN等工具的账户注册方法
技能目标	能够熟练地使用产品账号对项目进行管理运用，养成使用CSDN博客记录进展或问题的习惯
素质目标	独立与高效：通过独立注册Gitee、TAPD、CSDN等工具账号，熟悉工具基本功能，为接下来项目开发的高效运转打下基础

任务实现

步骤1：学生通用账号注册

（1）打开Gitee网站，如图1-2-1所示。

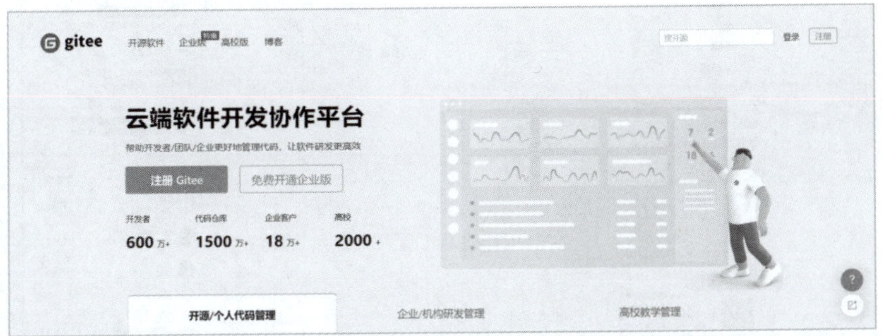

图1-2-1 Gitee网站

（2）单击“注册”按钮，输入自己的相关信息，选择“我已阅读并同意使用条款及非活跃账号处理规范”复选框，单击“立即注册”按钮，如图1-2-2、图1-2-3所示。

图 1-2-2　Gitee 网站学生注册界面 1

图 1-2-3　Gitee 网站学生注册界面 2

（3）如果是用手机号注册的，单击“添加绑定”选项去绑定自己的邮箱，如图1-2-4所示。

图 1-2-4　Gitee 网站学生注册绑定邮箱

（4）单击“新增”按钮，开始认证自己的邮箱，如图1-2-5所示。

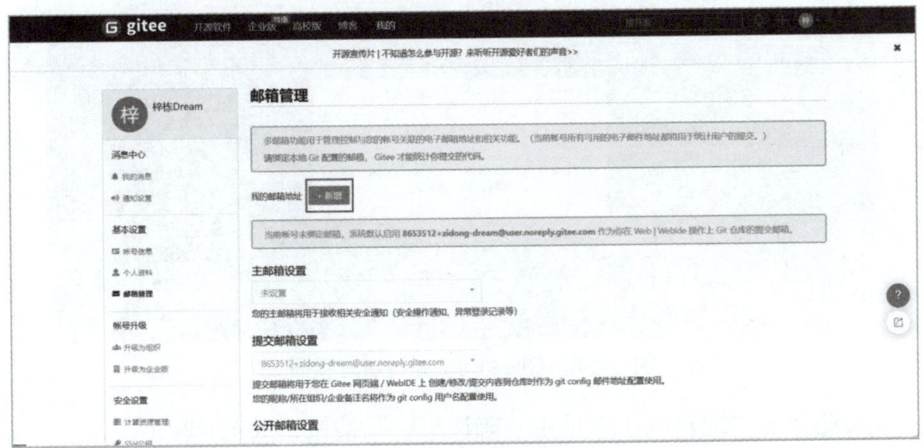

图 1-2-5　Gitee 网站邮箱认证

（5）验证自己的密码，填写码云登录密码，单击“验证”按钮，如图1-2-6所示。

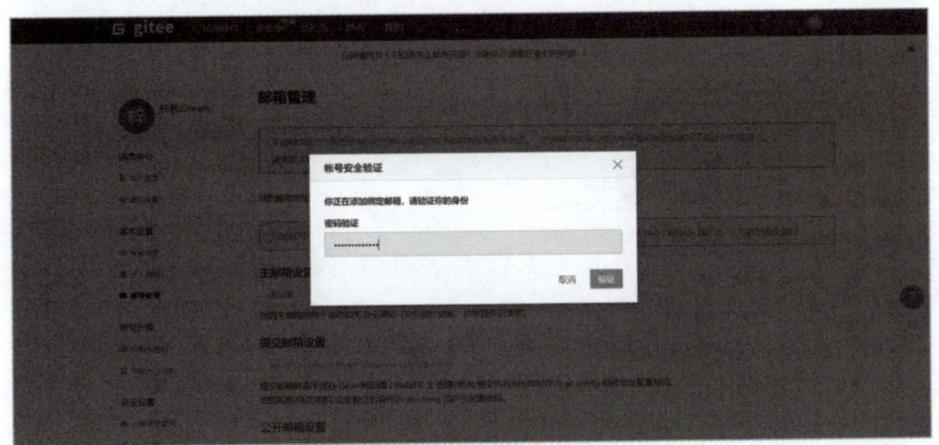

图 1-2-6　Gitee 网站密码验证

（6）填写自己的邮箱地址，单击“确定”按钮，如图1-2-7、图1-2-8所示。

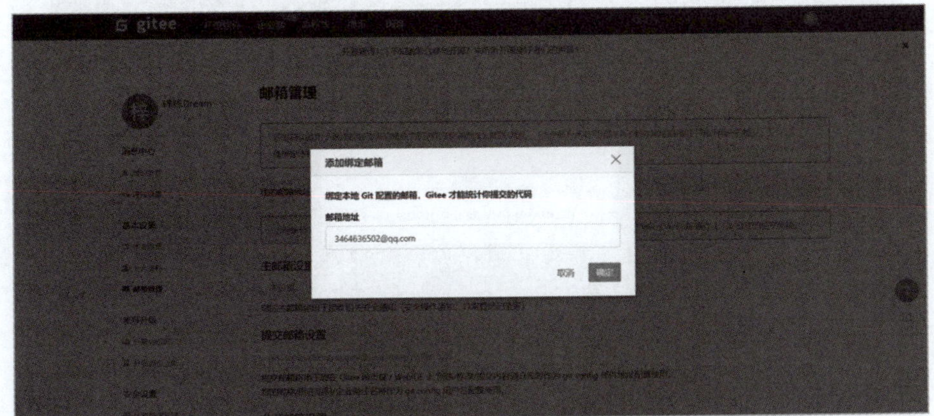

图 1-2-7　Gitee 网站邮箱填写界面 1

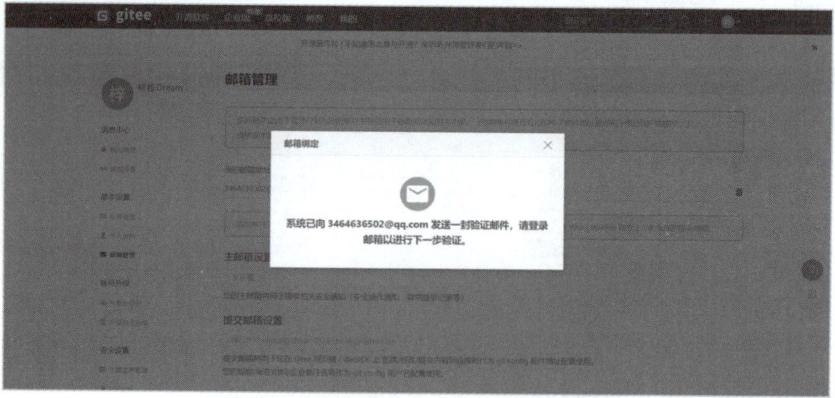

图 1-2-8　Gitee 网站邮箱填写界面 2

（7）Gitee账号绑定邮箱确认，单击“确认绑定”按钮，如图1-2-9所示。

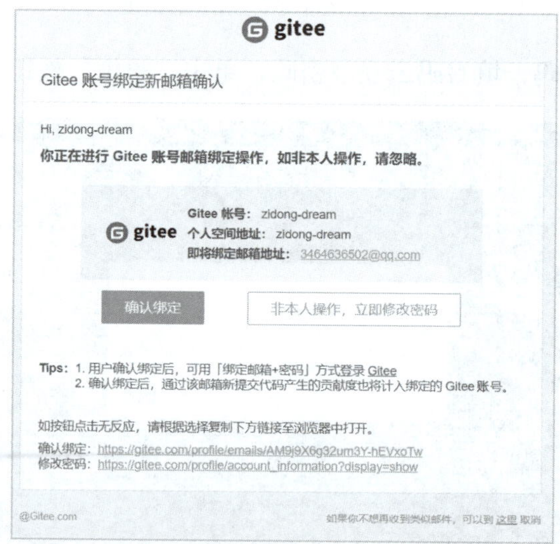

图 1-2-9　Gitee 网站邮箱确认绑定

（8）Gitee网站邮箱绑定成功，如图1-2-10所示。

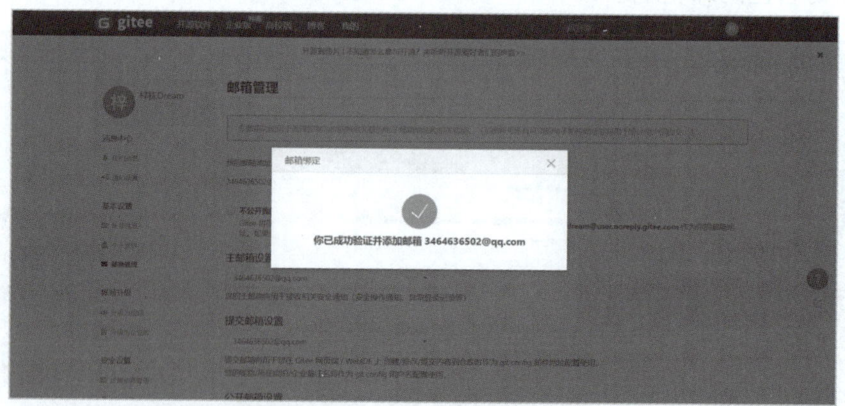

图 1-2-10　Gitee 网站邮箱绑定成功

到此，码云通用账户就创建成功了。

步骤2： 教师码云账号注册

（1）通用账号注册结束后，单击“高校版”选项进入注册页面，如图1-2-11所示。

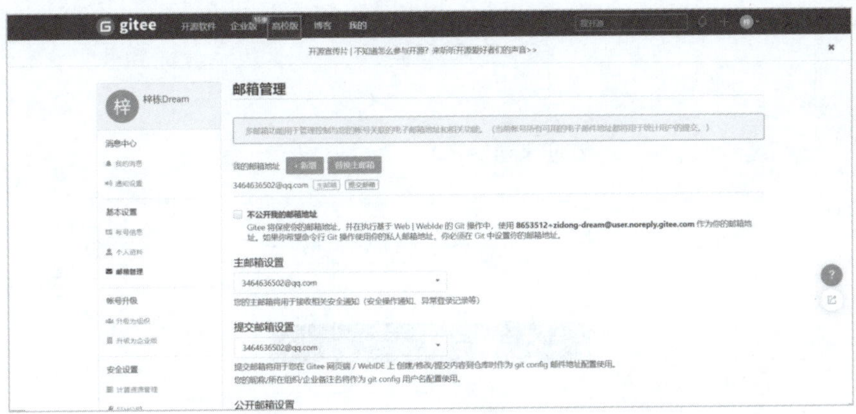

图 1-2-11　Gitee 网站教师注册

（2）单击“我是教师，免费申请高校版”按钮，如图1-2-12所示。

图 1-2-12　Gitee 网站教师注册

（3）填写相关教师信息，单击“提交申请”按钮，如图1-2-13所示，等码云官方审核通过后就可以用高校版了。

gitee　开源软件　企业版　高校版　博客　我的

开通 Gitee 高校版

学校全称　教师姓名

高校空间地址　https://gitee.com/

教师身份认证材料

手机号

短信验证码　获取验证码

提交申请

他们都在用

需要帮助?

请致电400-606-0201

(工作日 10:00 - 19:00)

图 1-2-13　Gitee 网站教师注册

步骤3： TAPD账号注册

（1）打开TAPD网站进入登录页面，如图1-2-14所示。

图 1-2-14　TAPD 网站账号注册 1

（2）单击“注册公司”选项，进入到注册页面，如图1-2-15所示。

图 1-2-15　TAPD 网站账号注册 2

（3）选择专业版进行注册，单击“免费试用”按钮，进入注册页面。输入教师或者组长的手机号，单击“获取验证码”按钮，单击“下一步”按钮，如图1-2-16所示。

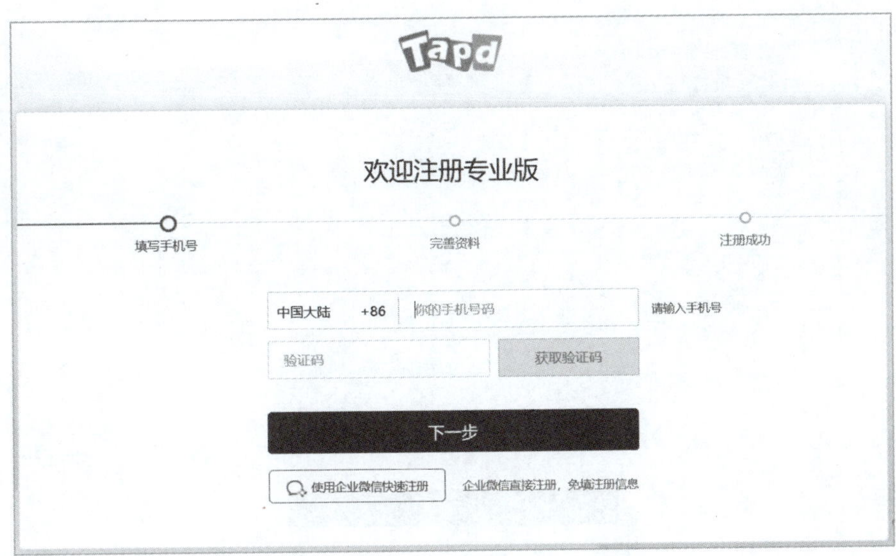

图 1-2-16　TAPD 网站账号注册 3

（4）完善注册信息，公司信息可以根据所在的工坊来填写，个人信息就是教师或者组长的信息，这些填写好之后，单击“下一步”按钮，如图1-2-17所示。

图 1-2-17　TAPD 网站账号注册 4

（5）单击“登录邮箱”按钮进行邮箱验证，如图1-2-18所示。

图 1-2-18　TAPD 网站账号注册验证邮箱 1

（6）登录QQ邮箱，如图1-2-19所示。

图 1-2-19　TAPD 网站账号注册验证邮箱 2

（7）找到验证邮件，单击“点击验证”按钮进行验证，如图1-2-20所示。

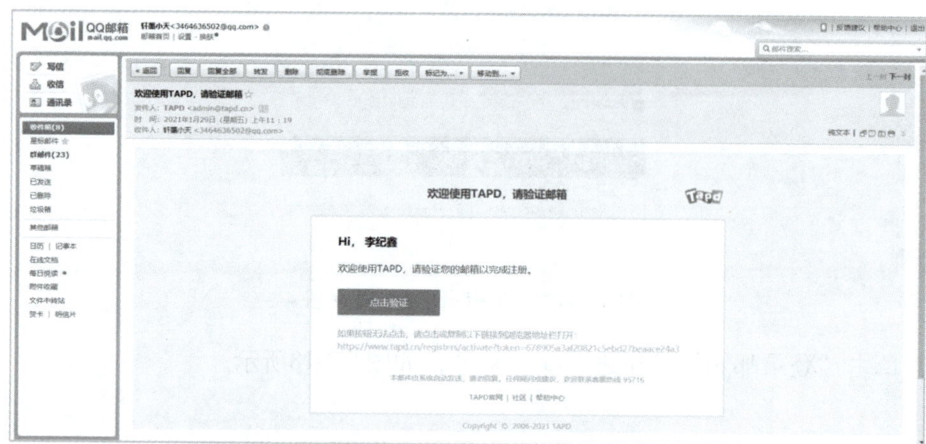

图 1-2-20　TAPD 网站账号注册验证邮箱 3

（8）验证成功后会跳转到TAPD的登录页面，如图1-2-21所示。

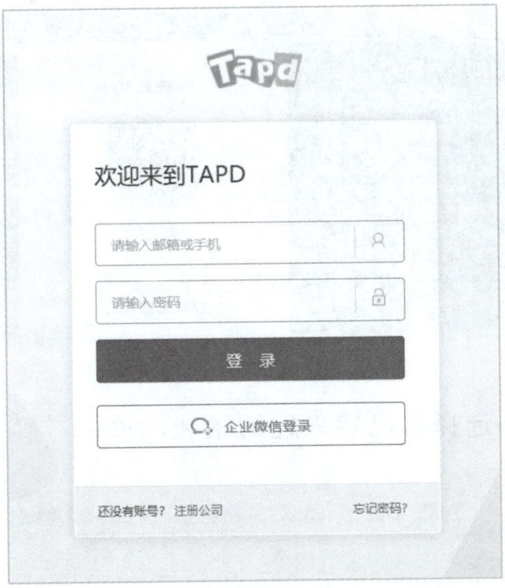

Tapd

欢迎来到TAPD

请输入邮箱或手机

请输入密码

登 录

企业微信登录

还没有账号？注册公司 忘记密码？

图 1-2-21 TAPD 网站账号注册成功

知识链接

TAPD：

TAPD是腾讯敏捷协作平台，是一款由腾讯公司自主研发的协作及软件研发管理平台。

步骤4： CSDN账号注册

（1）打开CSDN网站，单击“登录/注册”按钮，如图1-2-22所示。

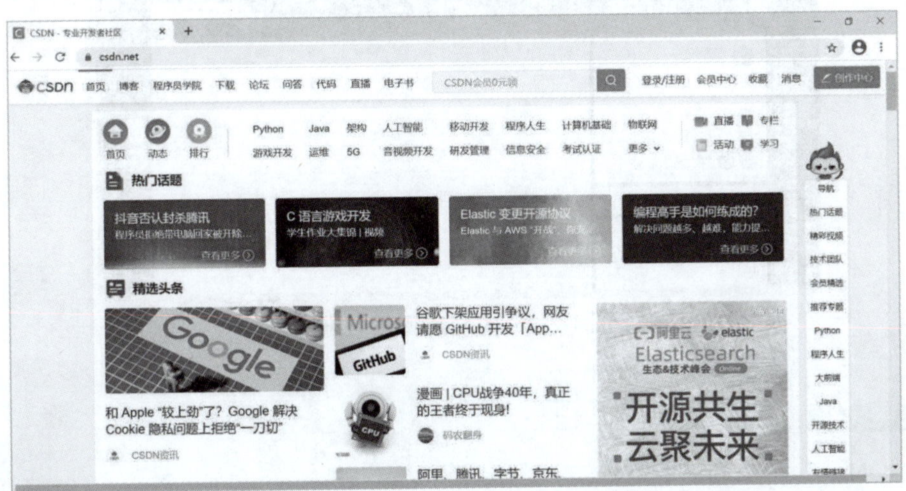

图 1-2-22 CSDN 账号注册 1

（2）一般用微信扫描注册登录，如图1-2-23所示，也可以用其他的方法注册。

图 1-2-23　CSDN 账号注册 2

（3）进入CSDN后，选择自己感兴趣的领域，单击“确定”按钮，如图1-2-24、图1-2-25所示。

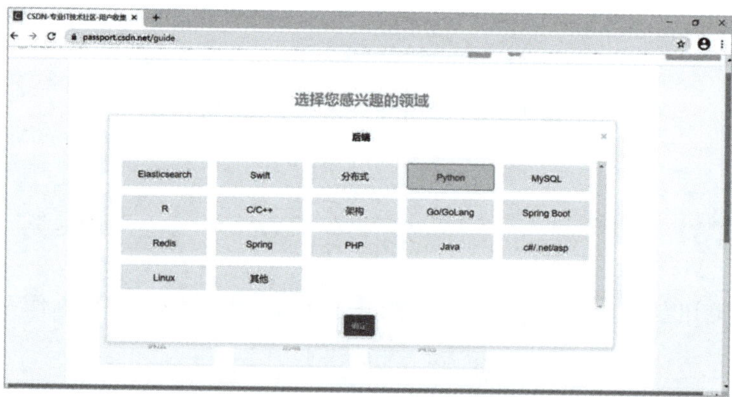

图 1-2-24　CSDN 账号注册 3

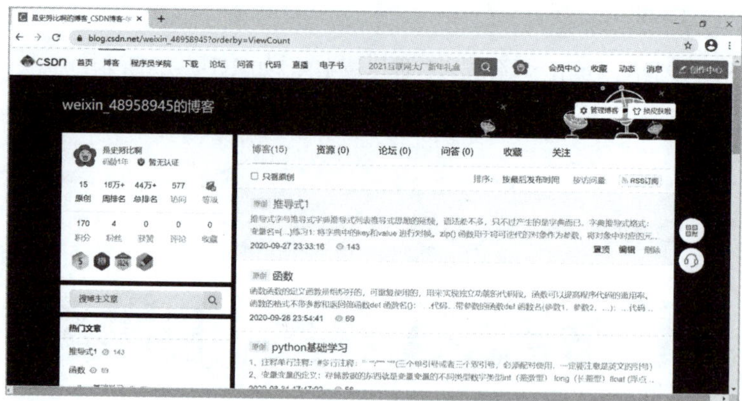

图 1-2-25　CSDN 账号注册 4

知识链接

CSDN：

中国专业IT社区CSDN (Chinese Software Developer Network) 创立于1999年，致力于为中国软件开发者提供知识传播、在线学习、职业发展等全生命周期服务。

任务考评

【账户创建】考评记录

姓名		完成日期	
序号	考核内容	标准分	评分
01	通用账号注册：打开 Gitee 网站，单击“注册”按钮，输入自己的相关信息	10	
02	用手机号注册的需要绑定认证自己的邮箱	10	
03	填写自己的邮箱地址	5	
04	Gitee 账号绑定邮箱确认	5	
05	老师码云账号创建：通用账号注册结束后，单击“高校版”选项	5	
	进入注册页面后，单击“我是教师，免费申请高校版”按钮	5	
	填写相关教师信息，单击“提交申请”按钮，等码云官方审核通过后就可以用高校版了	5	
06	打开 TAPD 网站进入到登录页面	5	
07	单击“注册公司”选项	5	
08	选择专业版进行注册，单击“免费试用”按钮，进入注册页面。输入老师或者组长的手机号，单击“获取验证码”按钮，单击“下一步”按钮。完善注册信息	10	
09	单击“登录邮箱”按钮进行邮箱验证	5	
10	登录 QQ 邮箱，找到验证邮件，单击“点击验证”按钮进行验证	5	
11	打开 CSDN 网站，单击“登录 / 注册”按钮	5	
12	一般用微信扫描注册登录，也可以用其他的方法注册	15	
13	进入 CSDN 后，选择自己感兴趣的领域，单击“确定”按钮	5	
总评分		100	

任务实现心得：

任务实训

任务实训	创建CSDN账号
任务目标	学会使用CSDN写博客
任务总结	

任务3 环境搭建

任务描述

情境描述	为了提高产品实时路线规划能力，提高产品竞争力。一直专注于导航软件研发的X公司的领导层通过商业和市场分析，决定引进大数据技术，新设立大数据分析部门，并任命公司的技术骨干张亮为项目经理。 张亮及其团队的技术人员经过对大数据技术的分析，确定搭建一个可以完成小型数据分析的开发环境进行验证，通过用户反馈决定是否扩大规模。 团队决定采用VMware 虚拟机安装Linux来搭建Hadoop平台。在Linux的发行版方面，采用主流的CentOS 7操作系统。随后，张亮指挥团队完成了初步的环境搭建
任务分解	分析上面的工作情境，将任务分解如下： （1）安装与配置VMware 虚拟机。 （2）安装CentOS 7操作系统。 （3）虚拟机通过Xftp、Xshell工具连接CenOS
任务准备	硬件及软件环境要求： （1）CPU至少Intel i5或同级别以上。 （2）内存至少8 GB以上。 （3）VMware 15.5。 （4）CentOS 7

任务目标

知识目标	了解VMware 虚拟机的安装及使用。 了解Linux的发展史，掌握Linux系统体系结构
技能目标	本任务中需要掌握以下技能： （1）学会VMware安装方法。 （2）学会常见Shell指令安装。 （3）学会CentOS操作系统安装方法
素质目标	细心与主动：搭建环境过程中容易因为粗心出现配置错误问题，需要研发人员细心核对每一步配置步骤，遇到不会的知识点需要主动学习求知，为项目开发打下基础

任务实现

视频

Linux系统安装

步骤1：虚拟机的安装

（1）虚拟机安装。

① 打开VMware官方网站下载需要的版本。选择版本为VMware 15.5（采用VMware 15.5做安装演示），读者可以根据实际情况自行选择。

② 双击运行安装文件，如图1-3-1所示。

图 1-3-1　运行安装文件

③ 单击“下一步”按钮。如图1-3-2所示。

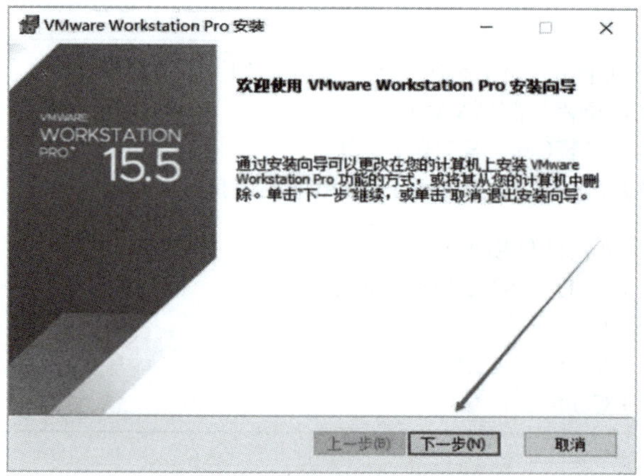

图 1-3-2　安装 VMware 15.5

④ 选择“我接受许可协议中的条款”复选框，单击“下一步”按钮，如图1-3-3所示。

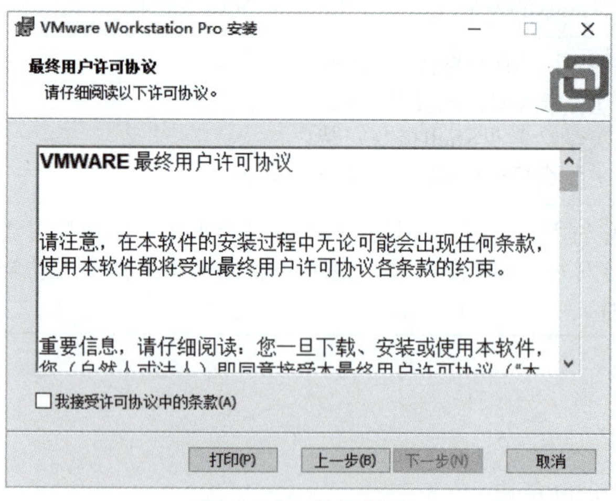

图 1-3-3　许可协议

⑤ 不勾选“自动安装Windows Hypervisor Platform（WHP）”复选框，单击“下一步”按钮，如图1-3-4所示。

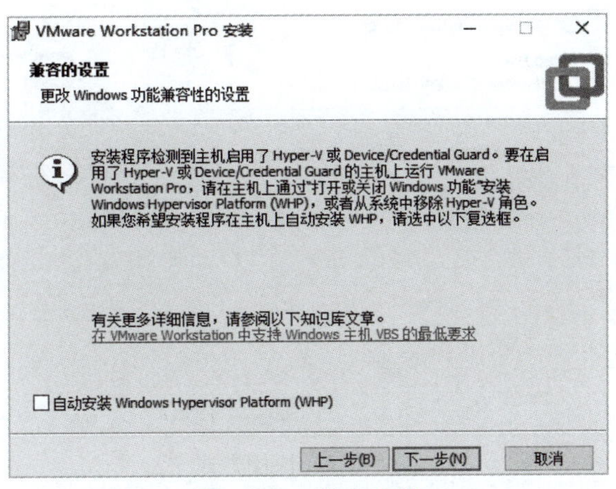

图 1-3-4　兼容功能

⑥ 选择VMware安装位置，单击“下一步”按钮，如图1-3-5所示。

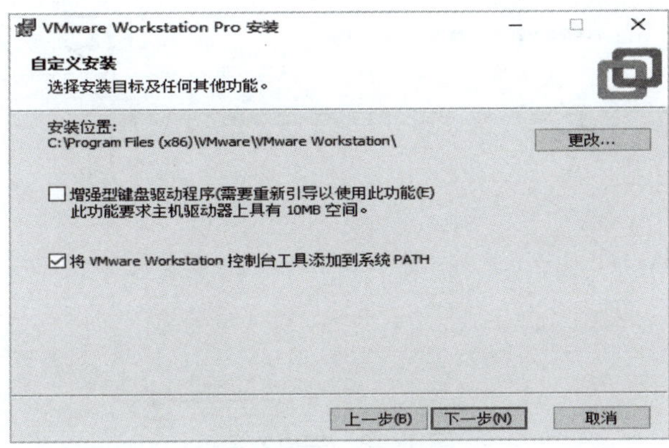

图 1-3-5　安装位置

⑦ 选择“启动时检查产品更新”“加入VMware客户体验提升计划”复选框，单击“下一步”按钮，如图1-3-6所示。

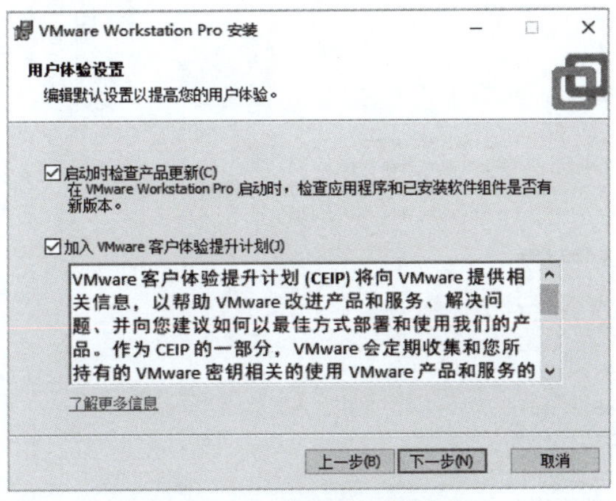

图 1-3-6　用户体验设置

⑧ 选择“桌面”“开始菜单程序文件夹”复选框，单击“下一步”按钮，如图1-3-7所示。

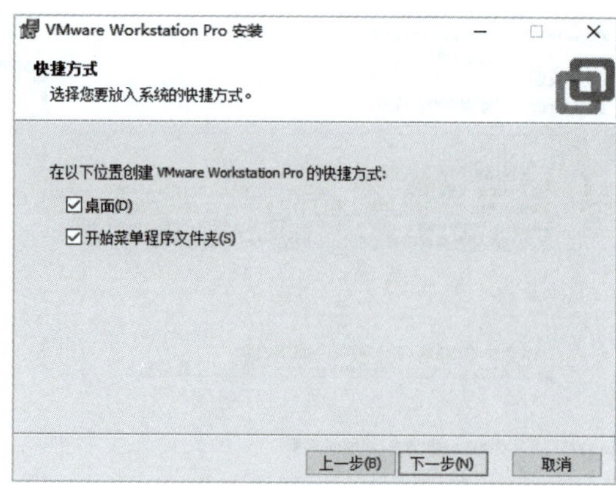

图 1-3-7　快捷方式

⑨ 单击“安装”按钮，如图1-3-8所示。

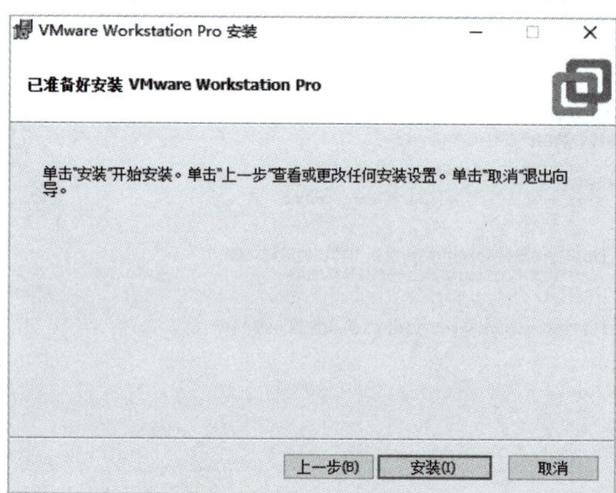

图 1-3-8　完成安装

⑩ 打开CentOS网站下载CentOS，如图1-3-9所示。

CentOS Linux 7.4 1708 x86 64 iso 官方原版镜像下载

发表评论

版本说明：

DVD:　　　　# 标准安装镜像，一般常用。
Minimal:　　# 最小安装镜像，自带的软件最少。
Everything: # 标准的基础上集成所有软件，镜像最大。
NetInstall: # 网络安装镜像，包小，但需联网才能安装。

官方种子下载：

CentOS-7-x86_64-DVD-1708.torrent
CentOS-7-x86_64-Minimal-1708.torrent
CentOS-7-x86_64-Everything-1708.torrent
CentOS-7-x86_64-NetInstall-1708.torrent

官方ISO下载：

CentOS-7-x86_64-DVD-1708.iso
CentOS-7-x86_64-Minimal-1708.iso
CentOS-7-x86_64-Everything-1708.iso
CentOS-7-x86_64-NetInstall-1708.iso

图 1-3-9　下载 CentOS

(2) 创建虚拟机。

① 单击“创建新的虚拟机”按钮，如图1-3-10所示。

图 1-3-10 创建虚拟机

② 单击“下一步”按钮，如图1-3-11所示。

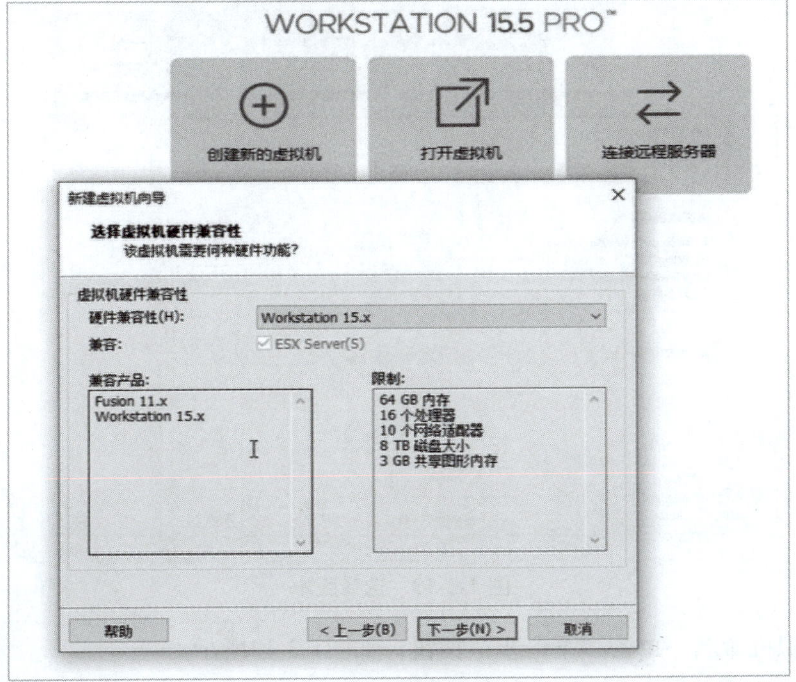

图 1-3-11 兼容性选择

③ 单击“下一步”按钮，如图1-3-12所示。

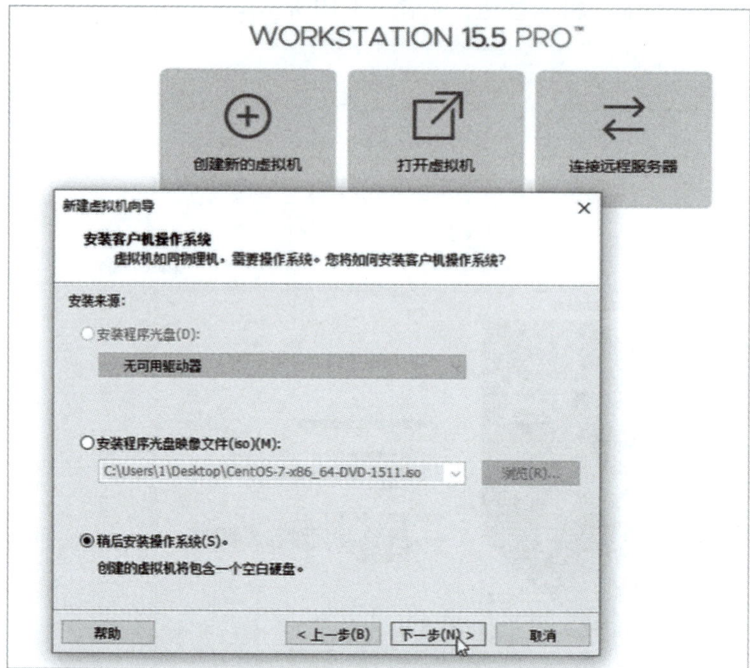

图 1-3-12　选择操作系统

④ 单击“下一步”按钮，如图1-3-13所示。

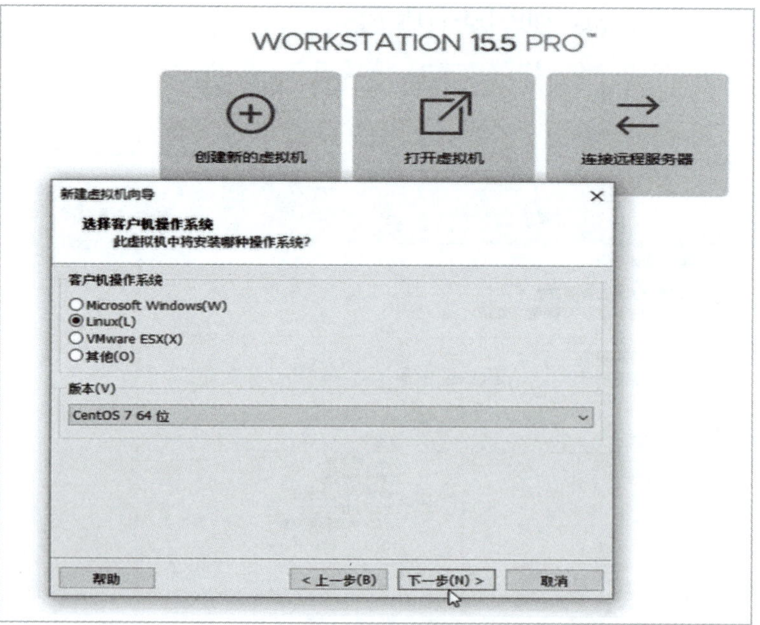

图 1-3-13　选择版本

⑤ 给虚拟机命名，单击“下一步”按钮，如图1-3-14所示。

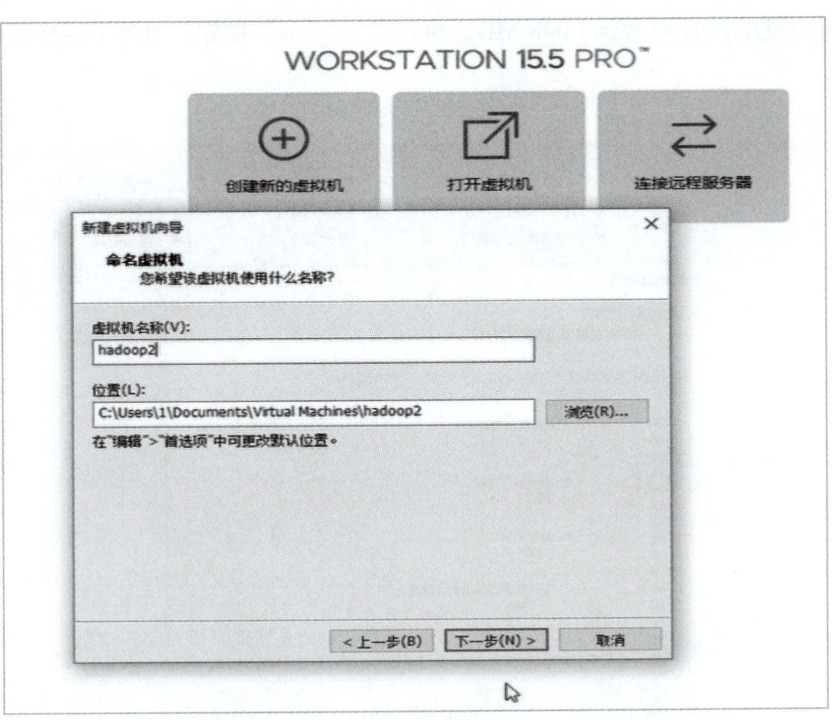

图 1-3-14　更改虚拟机名称和位置

⑥ 更改处理器内核数量为2，单击“下一步”按钮，如图1-3-15所示。

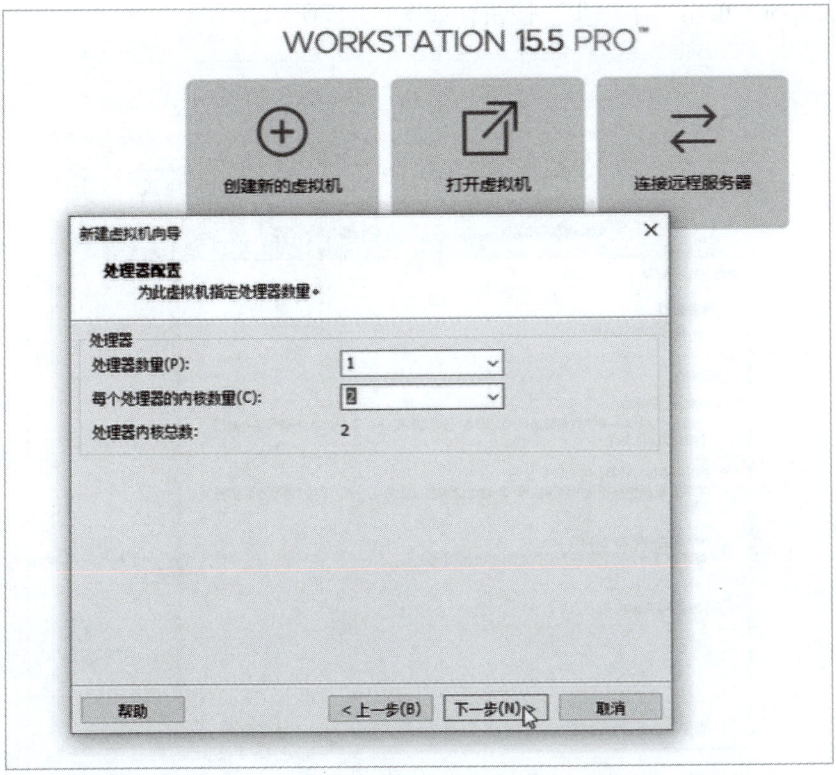

图 1-3-15　处理器配置

⑦ 此虚拟机的内存修改为2 048 MB。单击“下一步”按钮，如图1-3-16所示。

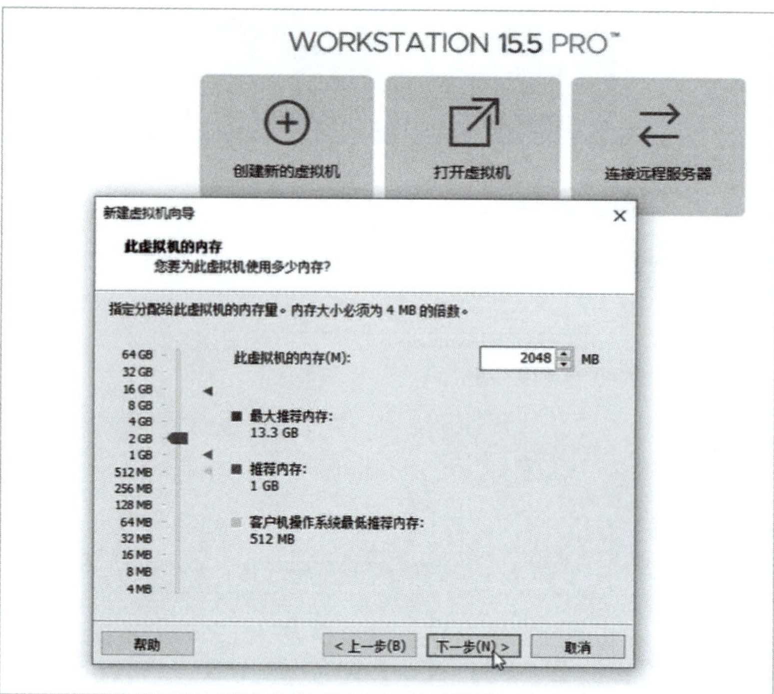

图 1-3-16　更改内存

⑧ 默认选项，单击“下一步”按钮，如图1-3-17所示。

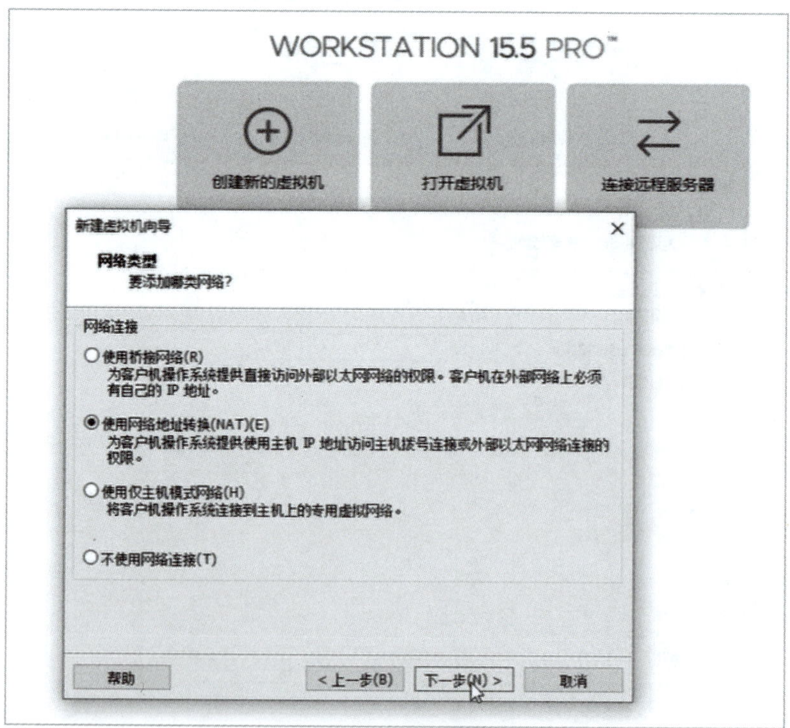

图 1-3-17　网络类型

⑨ 默认选项，单击“下一步”按钮，如图1-3-18所示。

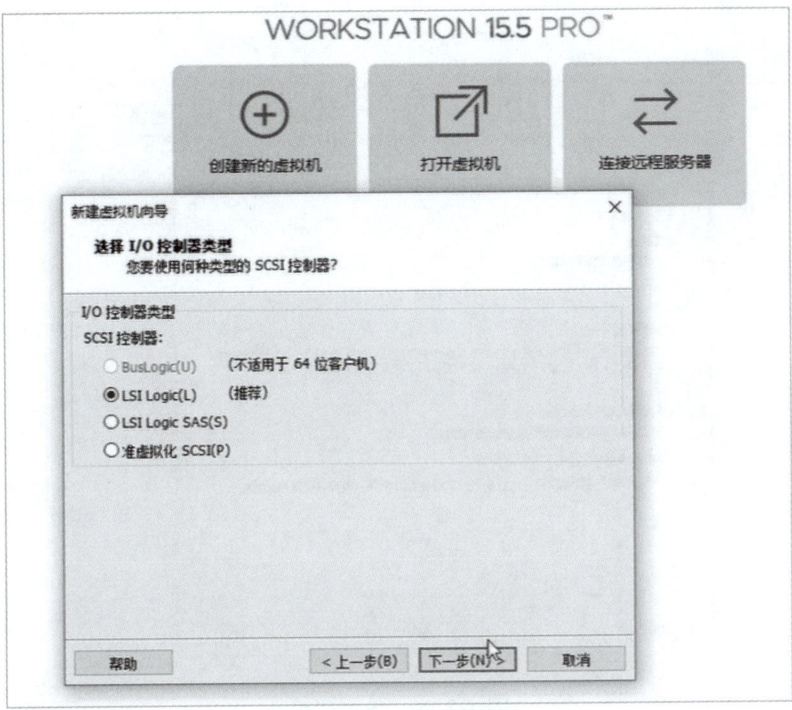

图 1-3-18 控制器类型

⑩ 默认选项，单击“下一步”按钮，如图1-3-19所示。

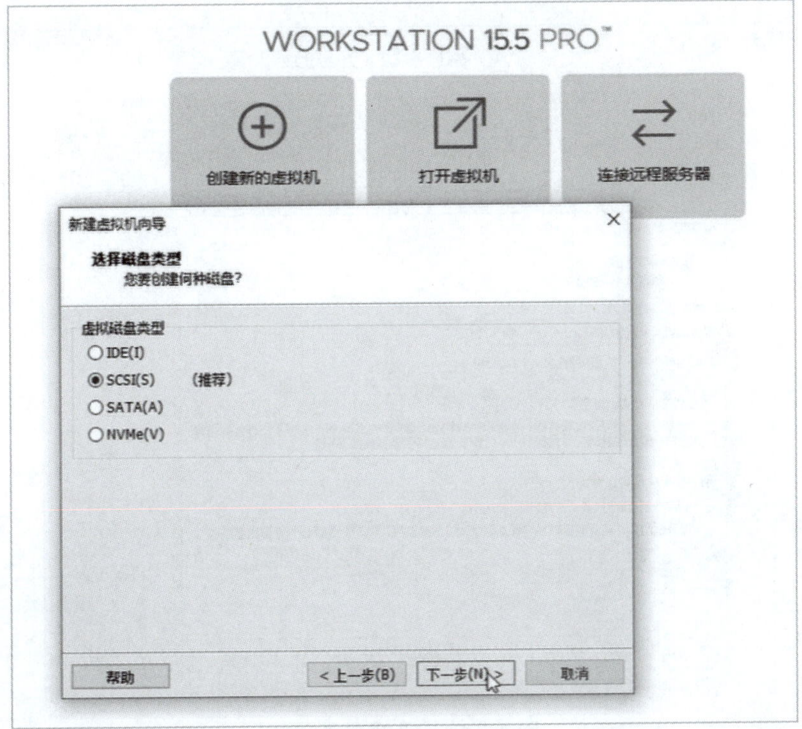

图 1-3-19 磁盘类型

⑪ 默认选项，单击“下一步”按钮，如图1-3-20所示。

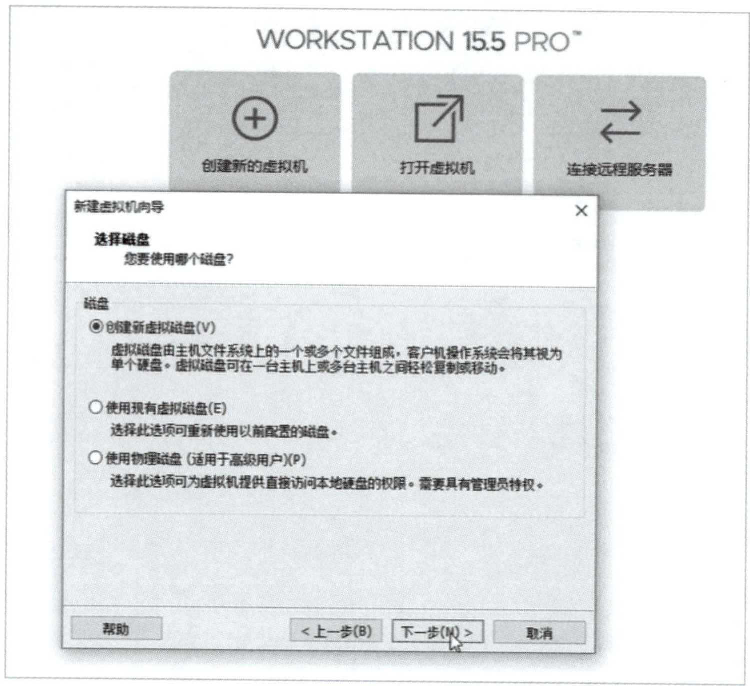

图 1-3-20　选择磁盘

⑫ 选择“立即分配所有磁盘空间（A）”复选框，选择“将虚拟磁盘存储为单个文件”单选按钮，单击“下一步”按钮，如图1-3-21所示。

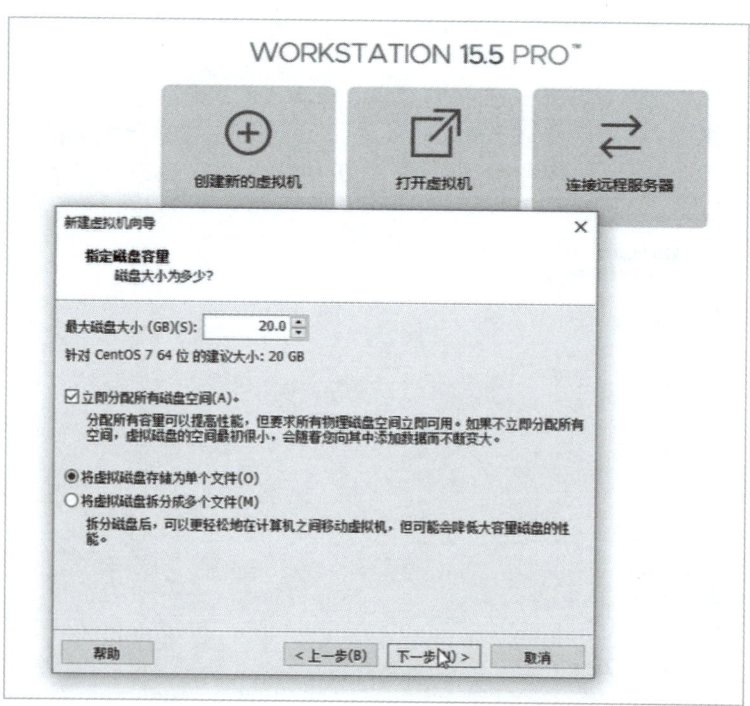

图 1-3-21　选择磁盘容量

⑬默认选项，单击“下一步”按钮，如图1-3-22所示。

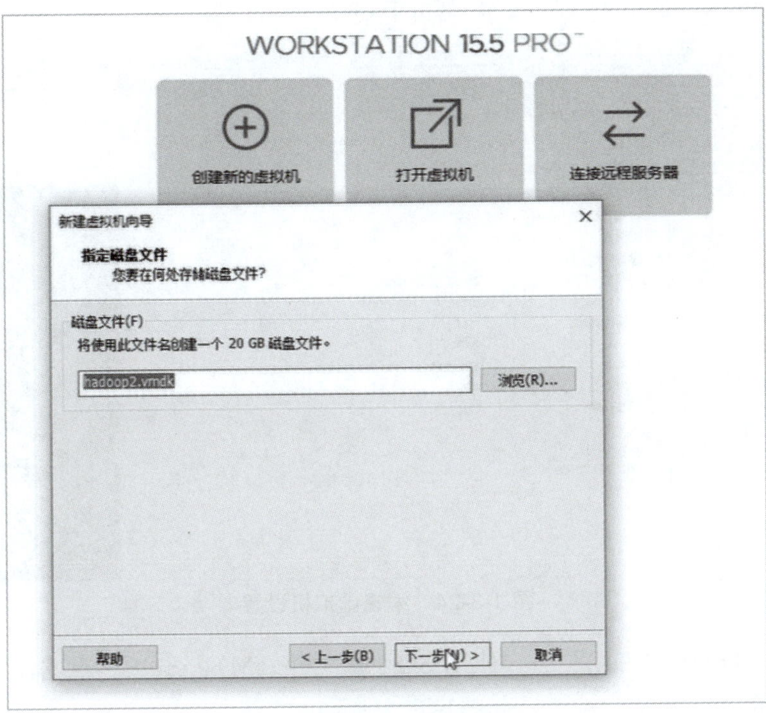

图 1-3-22　指定磁盘文件

⑭单击“完成”按钮，如图1-3-23所示。

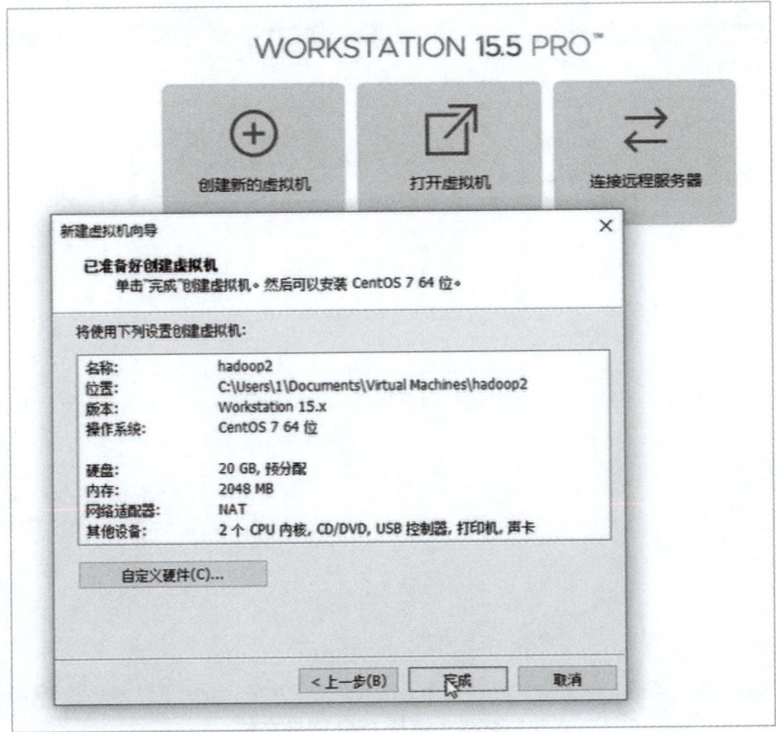

图 1-3-23　创建虚拟机

（3）在虚拟机中安装CentOS。

① 单击“编辑虚拟机设置”按钮，如图1-3-24所示。

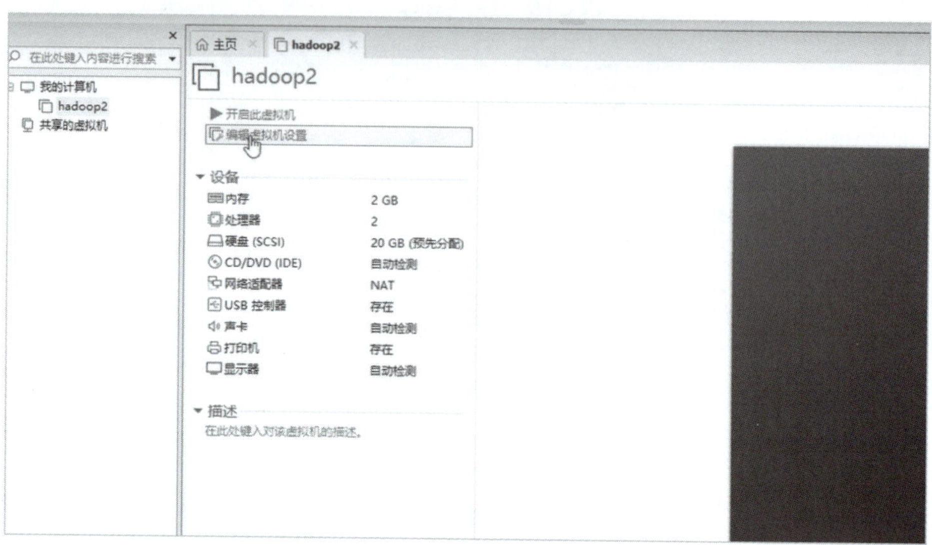

图 1-3-24　编辑虚拟机设置

② 选择“CD/DVD(IDE)”→“使用ISO映像文件（M）”选项，点击浏览按钮选择本地安装目录，单击“确定”按钮，如图1-3-25所示。

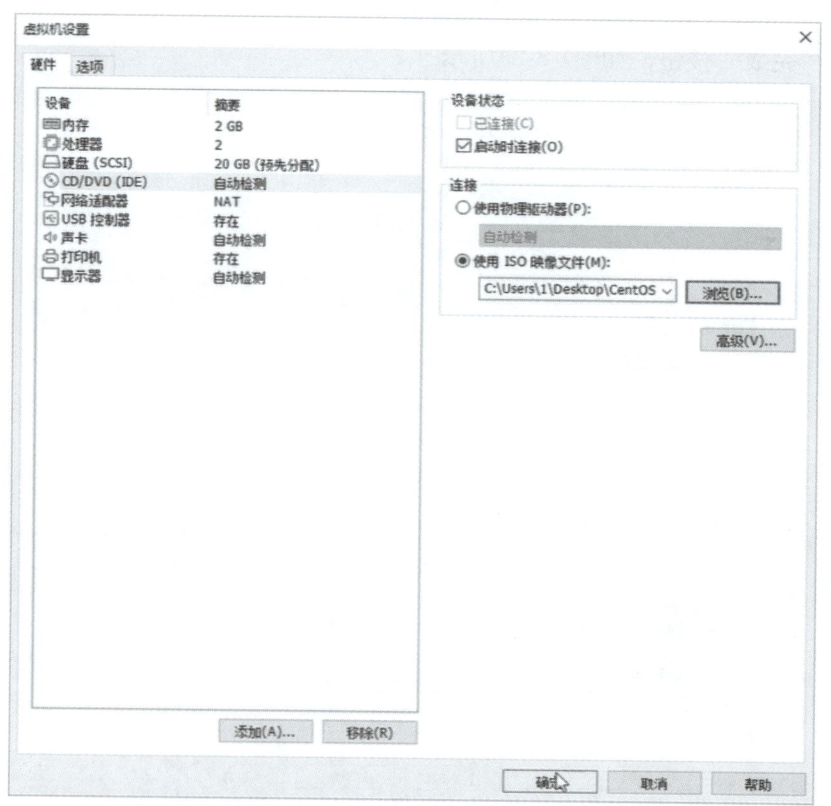

图 1-3-25　选择 ISO 映像文件

③ 单击开启此虚拟机，可以看到加载页面，如图1-3-26所示。

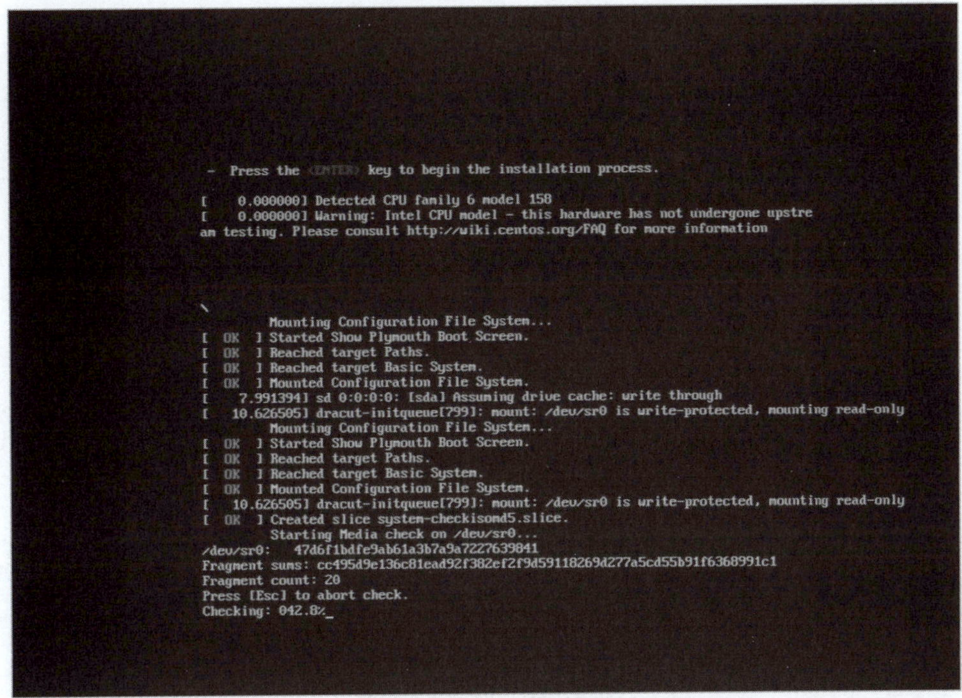

图 1-3-26　开启虚拟机

安装CentOS 7，选择“中文”，单击“继续”按钮，如图1-3-27所示。

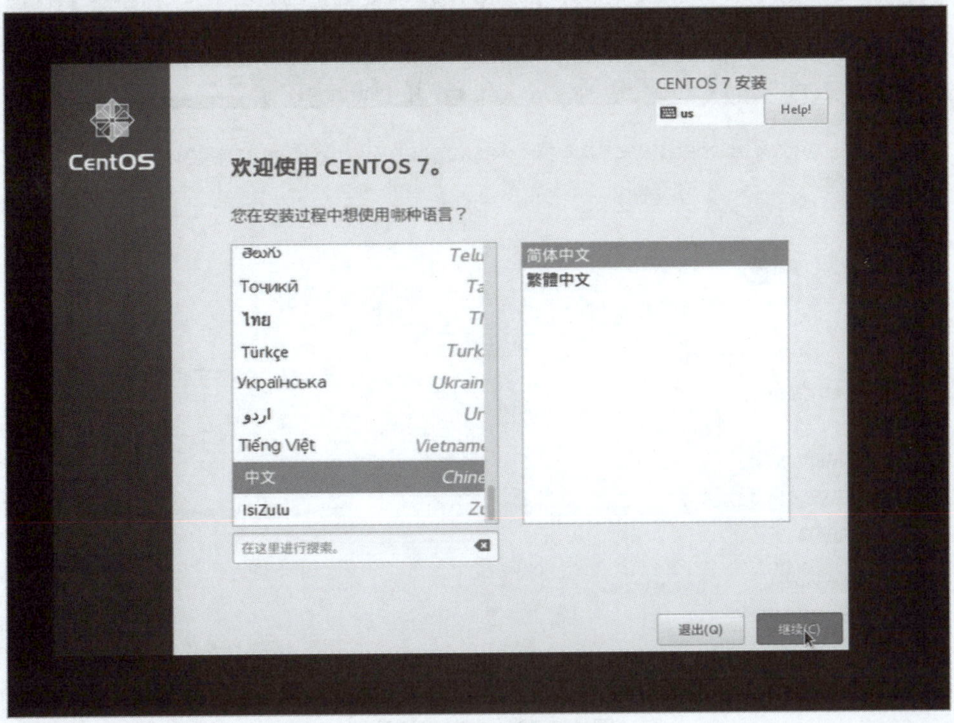

图 1-3-27　选择语言

单击“开始安装”按钮，如图1-3-28所示。

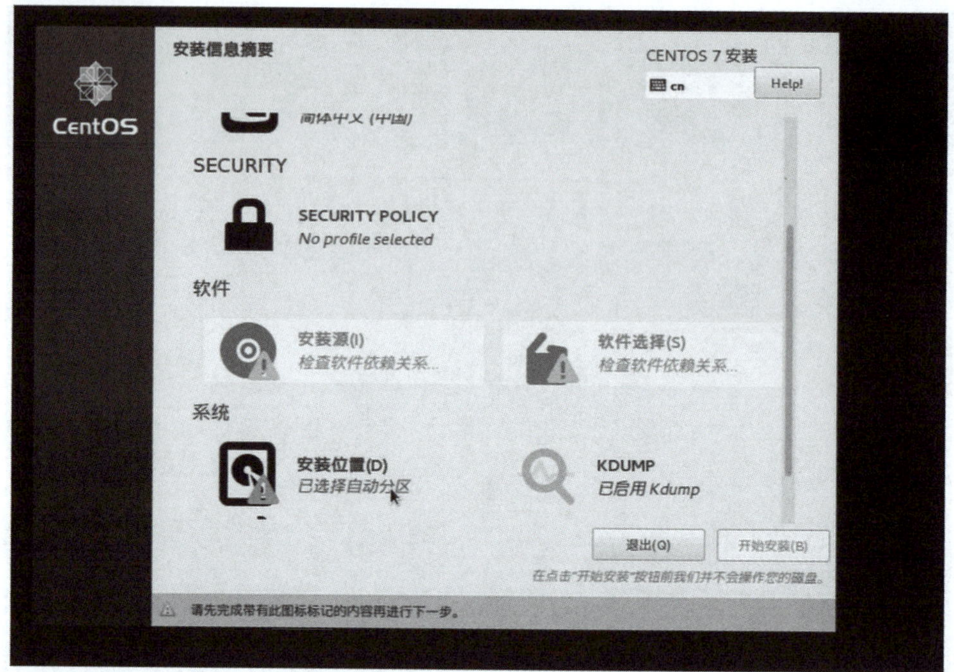

图 1-3-28　选择安装位置

单击“完成”按钮，如图1-3-29所示。

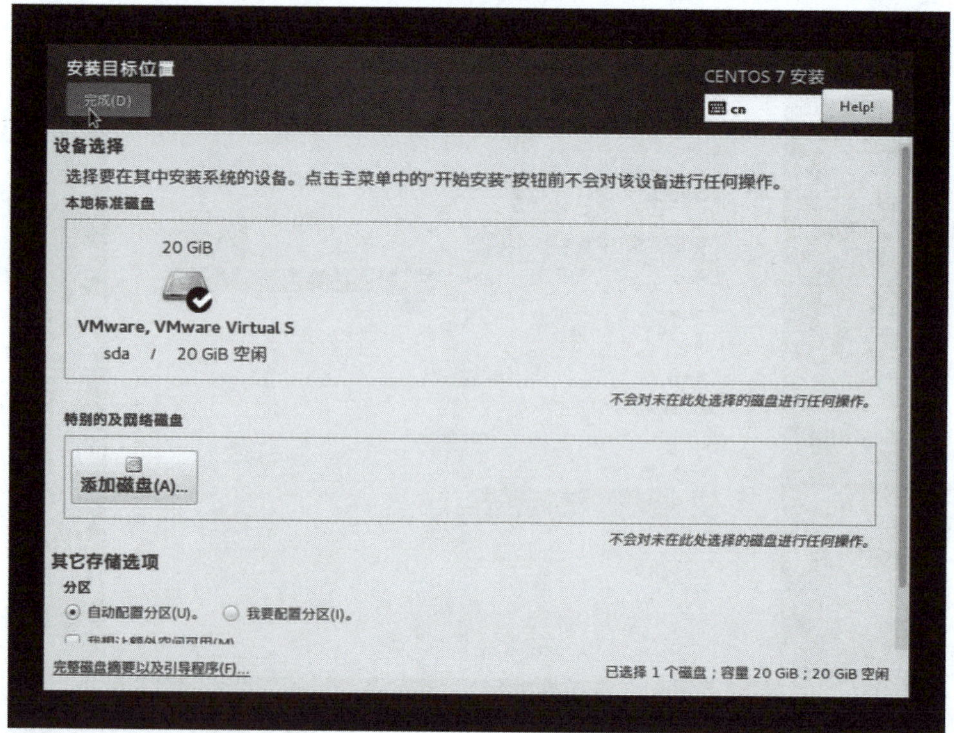

图 1-3-29　安装目标位置

单击“开始安装”按钮，如图1-3-30所示。

图 1-3-30　开始安装

单击“ROOT密码”按钮，如图1-3-31所示。

图 1-3-31　设置密码

修改密码，单击“完成”按钮，如图1-3-32所示。

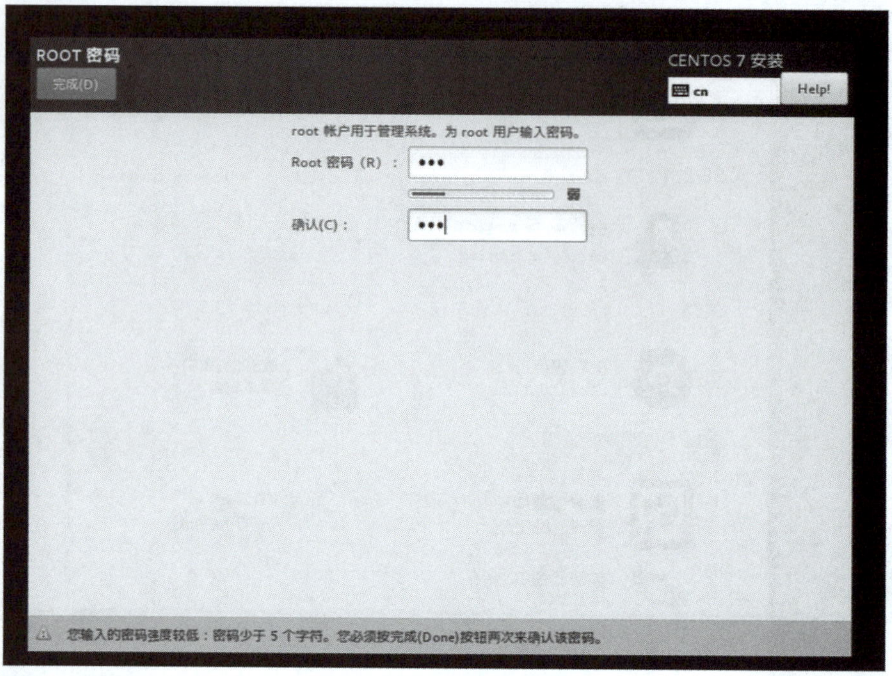

图 1-3-32　完成密码设置

安装完成后，单击“重启”按钮，如图1-3-33所示。

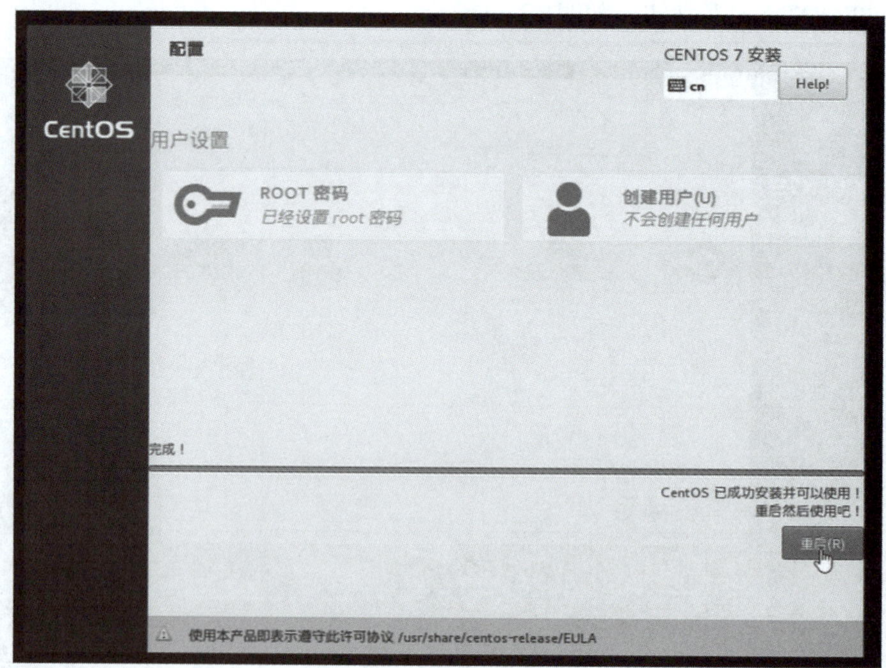

图 1-3-33　完成后重启

安装成功，输入账号密码登录，如图1-3-34所示。

```
CentOS Linux 7 (Core)
Kernel 3.10.0-327.el7.x86_64 on an x86_64

localhost login: root
Password:
```

图 1-3-34 登录

成功登录，如图1-3-35所示。

```
localhost login: root
Password:
Last failed login: Mon Mar 29 16:50:08 CST 2021 on tty1
There was 1 failed login attempt since the last successful login.
[root@localhost ~]# ls
anaconda-ks.cfg
[root@localhost ~]# cd /etc/sysconfig/network-scripts/
```

图 1-3-35 成功登录

步骤2： 虚拟机（master）与xftp、shell连接

账号为root，密码不显示输入内容。

(1) 修改network配置文件。

① 执行如下命令：

```
cd /etc/sysconfig/network-scripts/
  vim(vi) ifcfg-ens33
```

运行结果如图1-3-36所示。

```
[root@hadoop2 ~]# cd /etc/sysconfig/network-scripts/
[root@hadoop2 network-scripts]# vim ifcfg-
ifcfg-ens33  ifcfg-lo
[root@hadoop2 network-scripts]# vim ifcfg-
ifcfg-ens33  ifcfg-lo
[root@hadoop2 network-scripts]# vim ifcfg-ens33

TYPE=Ethernet
PROXY_METHOD=none
BROWSER_ONLY=no
BOOTPROTO=static
DEFROUTE=yes
IPV4_FAILURE_FATAL=no
IPV6INIT=yes
IPV6_AUTOCONF=yes
IPV6_DEFROUTE=yes
IPV6_FAILURE_FATAL=no
IPV6_ADDR_GEN_MODE=stable-privacy
NAME=ens33
UUID=6ec5d254-cbb5-444d-afba-384f26d8a7b6
DEVICE=ens33
ONBOOT=yes
IPADDR=192.168.190.100
NETMASK=255.255.255.0
GATEWAY=192.168.190.2
DNS1=8.8.8.8
DNS2=8.8.4.4
```

图 1-3-36 配置虚拟网卡

② 在系统原来配置上修改：

BOOTPROTO=static

ONBOOT=yes
添加配置(网关可在编辑里查询)
IPADDR=192.168.190.100
NETMASK=255.255.255.0
GATEWAY=192.168.190.2
DNS1=8.8.8.8

按【Esc】键进入末行模式，输入:wq命令，然后按【Enter】键，保存代码并退出。

③ 修改完成重启网络服务。执行以下命令：

```
service network restart
```

显示均为“确认”后，即为成功。

④ 尝试连接网络。执行以下命令：

```
ping www.baidu.com
```

连接成功，DOS界面显示如图1-3-37所示。

```
[root@hadoop2 network-scripts]# ping www.baidu.com
PING www.wshifen.com (104.193.88.77) 56(84) bytes of data.
64 bytes from 104.193.88.77 (104.193.88.77): icmp_seq=1 ttl=128 time=261 ms
64 bytes from 104.193.88.77 (104.193.88.77): icmp_seq=2 ttl=128 time=267 ms
64 bytes from 104.193.88.77 (104.193.88.77): icmp_seq=3 ttl=128 time=258 ms
```

图 1-3-37　连接网络

⑤ 安装yum、vim。

```
yum -y install yum
yum -y install vim
```

(2) 打开xftp软件，连接虚拟机。

① 单击菜单栏中的“新建”选项，在弹出的窗口中，输入名称、主机、用户名和密码。

② 连接成功。

③ 上传压缩文件 。

```
hadoop-2.7.7    jdk-8u171-linux-x64
```

④ 关闭xftp。

(3) 打开Xshell连接虚拟机。

① 新建输入名称和主机。

② 单击连接。

③ 输入用户名和密码。

④ 连接成功。

任务考评

【环境搭建】考评记录

姓名		完成日期	
序号	考核内容	标准分	评分
01	下载 VMware 安装包	5	
02	按照要求完成 VMware 的安装	35	
03	下载 Linux 发行版 CentOS 7	5	
04	在 VMware 上安装 CentOS 操作系统	35	
05	使用 Shell 指令查看 Linux 系统信息	5	
06	安装配置 xftp 工具	10	
07	测试连接 CentOS	5	
总评分		100	

任务实现心得：

任务实训

任务实训	搭载项目所用的环境
任务目标	学会搭建开发环境
任务总结	

单元 2

Hadoop集群的搭建

前面已经学习了开源版本控制系统的安装和使用等技能，接下来学习Hadoop集群的搭建，继续为大数据开发做准备。

通过本单元的学习，使学生主要掌握Hadoop集群安装的知识，培养学生搭建集群的能力。

知识目标

了解Hadoop集群的基础框架和HDFS的特点。

技能目标

能够搭建Hadoop集群和HDFS文件系统的常见操作。

任务1 Hadoop集群的搭建及配置

任务描述

情境描述	加入简单的数据分析功能，新版本软件发布一个月后，X公司导航软件的用户反馈好评如潮，软件下载率较上个月增加了8个百分点。公司的项目经理及技术人员经过讨论，确定扩大规模，招聘新的技术人员加入张亮的团队，并决定采用主流的Hadoop大数据平台。经了解，Hadoop是一个由Apache基金会所开发的分布式系统基础架构。用户可以在不了解分布式底层细节的情况下，开发分布式程序。充分利用集群的威力进行高速运算和存储。 正好符合当下的需求
任务分解	分析上面的工作情境，将任务分解如下： （1）SSH配置：SSH免密登录配置。 （2）安装JDK：在服务器安装JDK。 （3）搭建集群：搭建Linux服务器的集群。 （4）启动集群：Hadoop集群的启动
任务准备	在项目立项后，将准备工作分为以下步骤： （1）下载JDK1.8软件。 （2）下载Linux对应版本的镜像。 （3）熟悉Hadoop的常见操作命令，如启动集群

任务目标

知识目标	了解Hadoop集群的搭建流程。 熟悉Hadoop的常见操作命令
技能目标	本任务中需要掌握以下技能： （1）学会如何实现SSH免密登录和JDK安装。 （2）学会如何在节点上安装Hadoop服务，并且掌握集群不同节点的配置。 （3）学会Hadoop集群的启动
素质目标	分析与思考：在搭建集群环境的过程中，通过分析不同节点配置的逻辑关系，定位集群错误等问题，提高个人逻辑思考的能力

视 频

Hadoop系统搭建

任务实现

步骤1: Liunx服务器环境搭建

已安装好CentOS 7操作系统的虚拟机三台。如果OpenJDK有更新的情况，需要自行修改~/.bashrc 文件中的OpenJDK的版本。

（1）安装SSH、配置SSH无密码登录。

① CentOS下操作系统默认已安装了SSH client、SSH server，进入系统后单击状态栏的Applications->Terminal Emulator 进入Linux操作界面进行命令操作。执行如下命令：

```
rpm -qa | grep ssh
```

如果结果中包含了SSH client和SSH server，则不需要再安装。运行结果如图2-1-1 所示。

```
[root@xiandian ~]# rpm -qa |grep ssh
openssh-server-7.4p1-16.el7.x86_64
openssh-7.4p1-16.el7.x86_64
libssh2-1.4.3-10.el7_2.1.x86_64
openssh-clients-7.4p1-16.el7.x86_64
openssh-askpass-7.4p1-16.el7.x86_64
```

图 2-1-1　SSH 安装

若需要安装，也可以进行安装（安装过程中会提示输入 [y/n]，输入y即可），执行如下命令：

```
yum install openssh-clients
yum install openssh-server
```

安装成功后，测试SSH是否可用（注意地址10.26.0.58为目标机器IP地址），执行如下命令：

```
ssh 10.26.0.58
```

按照提示输入密码（000000），登录服务器，如图2-1-2所示。

```
[root@xiandian ~]# ssh 10.26.0.58
Warning: Permanently added '10.26.0.58' (ECDSA) to the list of known hosts.
root@10.26.0.58's password:
```

图 2-1-2　SSH 连接主机

连接完成，需要返回到最初的主机，执行如下命令：

```
exit
```

② 生成密钥，并将密钥加入授权中，由于要反复确认路径，所以后续按【Enter】键，执行如下命令：

```
ssh-keygen
```

结果如图2-1-3所示。

```
[root@VM_159_150_centos ~]#  ssh-keygen
Generating public/private rsa key pair.
Enter file in which to save the key (/root/.ssh/id_rsa):
Enter passphrase (empty for no passphrase):
Enter same passphrase again:
Your identification has been saved in /root/.ssh/id_rsa.
Your public key has been saved in /root/.ssh/id_rsa.pub.
The key fingerprint is:
6b:d1:29:18:a0:f6:bf:72:59:53:3c:f9:92:0f:51:25 root@VM_159_150_centos
The key's randomart image is:
+--[ RSA 2048]----+
|    .       E..  |
|   . .       ..  |
|  o    .   . o   |
| . .    o .*.    |
|     . . S.o=    |
|      .   o++ .  |
|       .oo. +    |
|     . oo     .  |
|      o.         |
+-----------------+
```

图 2-1-3　生成密钥

③ 在虚拟机的/headless目录下创建 .ssh文件，执行如下命令：

```
cd /headless
mkdir .ssh
```

注意：

各节点进行免密登录步骤如下：

在全部节点上，执行上述步骤①到③，执行完毕后，进入 Master 节点执行步骤④。

④ 通过命令的方式将密码发送到节点，执行如下命令（目标机器IP地址为10.26.0.49）：

```
ssh-copy-id -i /root/.ssh/id_rsa.pub 10.26.0.49
```

按照提示输入密码（000000），结果如图2-1-4所示。

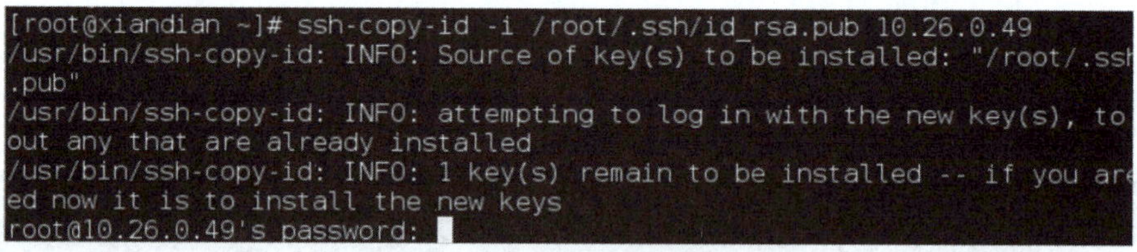

```
[root@xiandian ~]# ssh-copy-id -i /root/.ssh/id_rsa.pub 10.26.0.49
/usr/bin/ssh-copy-id: INFO: Source of key(s) to be installed: "/root/.ssh
.pub"
/usr/bin/ssh-copy-id: INFO: attempting to log in with the new key(s), to
out any that are already installed
/usr/bin/ssh-copy-id: INFO: 1 key(s) remain to be installed -- if you are
ed now it is to install the new keys
root@10.26.0.49's password:
```

图 2-1-4　设置免密登录

注意：

在 Master 节点上对所有节点进行免密登录操作（包括 Master 节点），到此就已经完成。

（2）安装Java环境。

注意：

本任务已经安装好了 JDK，无需自己安装。本节内容可作为学生的拓展任务。

① 下载解压JDK，执行如下命令：

```
yum install java-1.8.0-openjdk java-1.8.0-openjdk-devel
```

运行结果如图2-1-5所示。

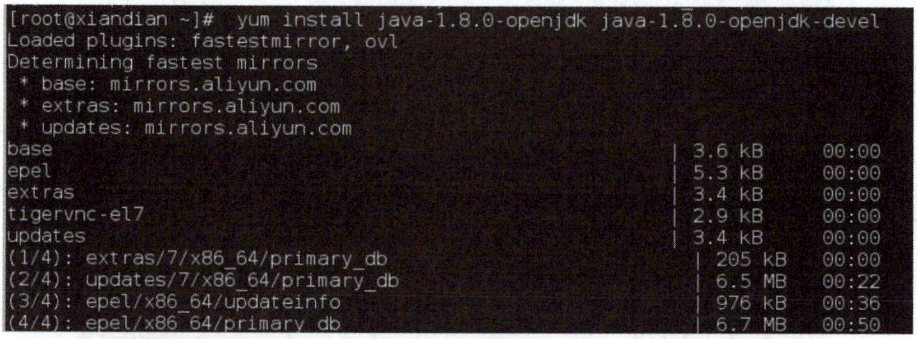

```
[root@xiandian ~]#  yum install java-1.8.0-openjdk java-1.8.0-openjdk-devel
Loaded plugins: fastestmirror, ovl
Determining fastest mirrors
 * base: mirrors.aliyun.com
 * extras: mirrors.aliyun.com
 * updates: mirrors.aliyun.com
base                                                    | 3.6 kB     00:00
epel                                                    | 5.3 kB     00:00
extras                                                  | 3.4 kB     00:00
tigervnc-el7                                            | 2.9 kB     00:00
updates                                                 | 3.4 kB     00:00
(1/4): extras/7/x86_64/primary_db                         | 205 kB   00:00
(2/4): updates/7/x86_64/primary_db                        | 6.5 MB   00:22
(3/4): epel/x86_64/updateinfo                             | 976 kB   00:36
(4/4): epel/x86_64/primary_db                             | 6.7 MB   00:50
```

图 2-1-5　JDK 下载

通过上述命令安装 OpenJDK，默认安装位置为 /usr/lib/jvm/java-1.8.0-openjdk（该路径可以通过执行rpm -ql java-1.8.0-openjdk-devel | grep '/bin/javac' 命令确定，执行该命令后会输出一个路径，除去路径末尾的“/bin/javac”就是正确的安装路径）。OpenJDK安装后就可以直接使用java、javac等命令了。

注意：

由于 OpenJDK 可能会存在不定时更新的情况，所以后续可能会有 OpenJDK 找不到的情况，这是因为 OpenJDK 更新了，需要自行去修改 OpenJDK 的环境变量。环境变量配置见下一个步骤。

② 配置JAVA_HOME环境变量，可以在~/.bashrc文件中进行设置，执行如下命令：

```
vi  ~/.bashrc
```

在文件的最后添加如下代码（指向JDK的安装位置），内容如下：

```
export JAVA_HOME=/usr/lib/jvm/java-1.8.0-openjdk-1.8.0.171-2.6.13.0.el7_4.x86_64
```

编辑结束后，按【Esc】键进入末行模式，输入:wq命令，然后按【Enter】键，保存代码并退出。

③ 使环境变量生效，执行如下命令：

```
source ~/.bashrc
```

④ 设置好后，检验一下是否设置正确，执行如下命令：

```
echo $JAVA_HOME      # 检验变量值
java -version
```

如果设置正确，执行java -version 命令会输出 Java 版本信息，如图2-1-6所示。

```
[root@xiandian ~]# java -version
openjdk version "1.8.0_212"
OpenJDK Runtime Environment (build 1.8.0_212-b04)
OpenJDK 64-Bit Server VM (build 25.212-b04, mixed mode)
```

图 2-1-6 检查 Java 版本信息

注意：

需要对三台服务器进行同样操作。（这里需要在三台主机上都执行上面安装 JDK 步骤，因为每台节点都必须安装 JDK）

步骤2： Hadoop集群安装部署及配置

（1）安装Hadoop（三个节点即三台主机）。

进入~/download目录，执行如下命令：

```
cd ~/download
```

下载hadoop-2.8.3.tar.gz，解压到/usr/local目录中，执行如下命令（解压时注意文件名的版本）：

```
tar -zxvf  hadoop-2.8.3.tar.gz -C /usr/local
```

执行解压命令如图2-1-7所示。

```
[root@xiandian ~/download]# tar -zxvf  hadoop-2.8.3.tar.gz -C /usr/local
```

图 2-1-7　解压 Hadoop 压缩包命令

解压过程及结果如图2-1-8所示。

```
hadoop-2.8.3/share/hadoop/yarn/sources/hadoop-yarn-server-applicationhistoryservice-2.8.3-sources.jar
hadoop-2.8.3/share/hadoop/yarn/sources/hadoop-yarn-server-applicationhistoryservice-2.8.3-test-sources.jar
hadoop-2.8.3/share/hadoop/yarn/sources/hadoop-yarn-server-common-2.8.3-sources.jar
hadoop-2.8.3/share/hadoop/yarn/sources/hadoop-yarn-server-common-2.8.3-test-sources.jar
hadoop-2.8.3/share/hadoop/yarn/sources/hadoop-yarn-server-nodemanager-2.8.3-sources.jar
hadoop-2.8.3/share/hadoop/yarn/sources/hadoop-yarn-server-nodemanager-2.8.3-test-sources.jar
hadoop-2.8.3/share/hadoop/yarn/sources/hadoop-yarn-server-resourcemanager-2.8.3-sources.jar
hadoop-2.8.3/share/hadoop/yarn/sources/hadoop-yarn-server-resourcemanager-2.8.3-test-sources.jar
hadoop-2.8.3/share/hadoop/yarn/sources/hadoop-yarn-server-tests-2.8.3-sources.jar
hadoop-2.8.3/share/hadoop/yarn/sources/hadoop-yarn-server-tests-2.8.3-test-sources.jar
hadoop-2.8.3/share/hadoop/yarn/sources/hadoop-yarn-server-web-proxy-2.8.3-sources.jar
hadoop-2.8.3/share/hadoop/yarn/sources/hadoop-yarn-server-web-proxy-2.8.3-test-sources.jar
hadoop-2.8.3/share/hadoop/yarn/test/
hadoop-2.8.3/share/hadoop/yarn/test/hadoop-yarn-server-tests-2.8.3-tests.jar
[root@xiandian ~/download]#
```

图 2-1-8　解压 Hadoop 压缩包

解压完之后进入/usr/local目录，修改解压hadoop包后的文件名，执行如下命令（将文件夹名修改为hadoop，注意文件名的版本）：

```
cd /usr/local
mv hadoop-2.8.3 hadoop
```

改完后进入到hadoop目录中，执行如下命令：

```
cd /usr/local/hadoop
```

（2）Hadoop集群配置。

为了便于区分，可以修改各个节点的主机名（在终端标题、命令行中可以看到主机名，以便区分）。CentOS 7中，在 Master节点上修改主机名（即改为Master，注意区分大小写），执行如下命令：

```
vi /etc/hostname
```

按【i】键进入编辑模式，修改主机名，修改内容如图2-1-9所示。

图 2-1-9　修改主机名

按【Esc】键进入末行模式，输入:wq命令，然后按【Enter】键，保存代码并退出。

注意：
三台节点，一台作为Master，另外两台分别为Slave1、Slave2。

修改自己所用节点的IP映射，执行如下命令：

```
$ vi /etc/hosts
```

在/etc/hosts文件中输入映射关系即可，如图2-1-10所示（一般该文件中只有一个127.0.0.1，其对应名为localhost，不要有Master之类的主机名称）。

```
127.0.0.1       localhost
::1     localhost ip6-localhost ip6-loopback
fe00::0 ip6-localnet
ff00::0 ip6-mcastprefix
ff02::1 ip6-allnodes
ff02::2 ip6-allrouters
10.26.0.49 Master
10.26.0.51 Slave1
10.26.0.58 Slave2
```

图2-1-10 hosts映射

编辑完成后，按【Esc】键进入末行模式，输入:wq命令，然后按【Enter】键，保存代码并退出。

注意：
三台节点都要配置相同的内容。

（3）配置集群/分布式环境。

① 配置环境变量

执行如下命令：

```
vi ~/.bashrc
```

按【i】键进入编辑模式，把Hadoop的环境变量添加进去，执行如下命令：

```
export HADOOP_HOME=/usr/local/hadoop/etc/hadoop
export PATH=$PATH:$HADOOP_HOME/bin:$HADOOP_HOME/sbin
```

环境变量配置如图2-1-11所示。

```
source $STARTUPDIR/generate_container_user
export PS1='[\u@xiandian \w]\$ '
### set java environment
export JAVA_HOME=/usr/lib/jvm/java-1.8.0-openjdk
export JRE_HOME=$JAVA_HOME/jre
export CLASSPATH=.:$JAVA_HOME/lib:$JRE_HOME/lib
export PATH=$JAVA_HOME/bin:$PATH
export HADOOP_HOME=/usr/local/hadoop/etc/hadoop
export PATH=$PATH:$HADOOP_HOME/bin:$HADOOP_HOME/sbin
```

图2-1-11 Hadoop环境变量配置

编辑完成后，按【Esc】键进入末行模式，输入:wq命令，然后按【Enter】键，保存代码并退出。

让环境变量生效，执行如下命令：

```
source ~/.bashrc
```

结果如图2-1-12所示。

```
[root@xiandian ~]# source /etc/profile
[root@xiandian ~]# source ~/.bashrc
USER_ID: 0, GROUP_ID: 0
```

图 2-1-12　环境变量生效

注意：

三台节点都要配置相同的内容。

② 集群/分布式模式

注意：

在 Master 节点上操作。

需要修改/usr/local/hadoop/etc/hadoop中的五个配置文件，这里仅设置了正常启动所必需的设置项：slaves、core-site.xml、hdfs-site.xml、mapred-site.xml、yarn-site.xml 等文件。

进入配置文件所在的路径，执行如下命令：

```
cd /usr/local/hadoop/etc/hadoop
```

- slaves

设置集群时需要让Master节点仅作为NameNode使用。

使用vi编辑器编辑slaves文件（slaves文件内存储节点的信息，如节点名称和IP），执行如下命令：

```
vi slaves
```

按【i】键进入编辑模式编辑内容，将文件中原来的 localhost 删除，并添加两行内容，如图2-1-13所示。

图 2-1-13　slaves 文件

编辑完成后，按【Esc】键进入末行模式，输入:wq命令，然后按【Enter】键，保存代码并退出。

- core-site.xml

文件core-site.xml 改为下面的配置，执行如下命令：

```
vi core-site.xml
```

按【i】键进入编辑模式，在<configuration> </configuration>之间添加配置内容，内容如下：

```
<property>
<name>fs.defaultFS</name>
<value>hdfs://Master:9000</value>
</property>
<property>
<name>hadoop.tmp.dir</name>
<value>file:/usr/local/hadoop/tmp</value>
<description>Abase for other temporary directories.</description>
</property>
```

编辑完成后，按【Esc】键进入末行模式，输入:wq命令，然后按【Enter】键，保存代码并退出。

- hdfs-site.xml

文件hdfs-site.xml 改为下面的配置，执行如下命令：

```
vi hdfs-site.xml
```

按【i】键进入编辑模式，在<configuration> </configuration>之间添加下面的配置内容：

```
<property>
<name>dfs.replication</name>
<value>1</value>
</property>
<property>
<name>dfs.namenode.name.dir</name>
<value>file:/usr/local/hadoop/tmp/dfs/name</value>
</property>
<property>
<name>dfs.datanode.data.dir</name>
<value>file:/usr/local/hadoop/tmp/dfs/data</value>
</property>
```

编辑完成后，按【Esc】键进入末行模式，输入:wq命令，然后按【Enter】键，保存代码并退出。

- mapred-site.xml

对文件mapred-site.xml重命名，默认文件名为mapred-site.xml.template，并更改mapred-site.xml配置，执行如下命令：

```
mv mapred-site.xml.template mapred-site.xml
vi mapred-site.xml
```

按【i】键进入编辑模式，在<configuration> </configuration>之间添加下面的配置内容：

```
<property>
<name>mapreduce.framework.name</name>
<value>yarn</value>
</property>
```

编辑完成后，按【Esc】键进入末行模式，输入:wq命令，然后按【Enter】键，保存代码并退出。

注意：

这里指定 MR 运行框架为 Yarn。

- yarn-site.xml

更改yarn-site.xml配置，执行如下命令：

```
vi yarn-site.xml
```

按【i】键进入编辑模式，在<configuration> </configuration>之间添加下面的配置内容：

```
<property>
<name>yarn.resourcemanager.hostname</name>
<value>Master</value>
</property>
<property>
<name>yarn.nodemanager.aux-services</name>
<value>mapreduce_shuffle</value>
</property>
```

编辑完成后，按【Esc】键进入末行模式，输入:wq命令，然后按【Enter】键，保存代码并退出。

配置完成后，将Master上的/usr/local/hadoop文件夹复制到各个节点上。执行如下命令（这里使用主机名，如果主机名过于复杂，可以直接将主机名替换成ip）：

```
scp -r /usr/local/hadoop root@Slave1:/usr/local/
scp -r /usr/local/hadoop root@Slave2:/usr/local/
```

操作命令如图2-1-14所示。

```
[root@xiandian ~/download]# scp -r /usr/local/hadoop root@Slave1:/usr/local/
```

图 2-1-14　发布文件

结果如图2-1-15所示。

```
TaskID.html                                    100%   35KB  33.8MB/s   00:00
TaskReport.html                                100%   18KB  20.0MB/s   00:00
TextInputFormat.html                           100%   25KB  26.8MB/s   00:00
TextOutputFormat.html                          100%   18KB  21.6MB/s   00:00
package-frame.html                             100%  678     1.5MB/s   00:00
package-summary.html                           100% 4870     9.9MB/s   00:00
package-tree.html                              100% 4437     9.5MB/s   00:00
package-use.html                               100% 4173     9.1MB/s   00:00
Utils.html                                     100% 9404    14.1MB/s   00:00
Cluster.html                                   100%   10KB  13.2MB/s   00:00
ClusterMetrics.html                            100% 6586    12.6MB/s   00:00
Counter.html                                   100%   12KB  19.8MB/s   00:00
CounterGroup.html                              100% 4510     9.3MB/s   00:00
Counters.html                                  100%   11KB  19.6MB/s   00:00
ID.html                                        100%   11KB  19.7MB/s   00:00
InputFormat.html                               100%   28KB  31.5MB/s   00:00
InputSplit.html                                100%   57KB  44.6MB/s   00:00
Job.html                                       100%   67KB  45.2MB/s   00:00
JobContext.html                                100%   61KB  44.5MB/s   00:00
JobCounter.html                                100% 7213    12.9MB/s   00:00
```

图 2-1-15　分发文件

注意：

本小节出现的 scp 命令是 Linux 系统中实现 Linux 之间的文件和目录复制和传输的命令，它是基于 ssh 登录的加密的指令。

步骤3： Hadoop集群启动方式，手动和自动化脚本

(1) 手动启动。

进入Hadoop的安装目录，格式化NameNode。Hadoop启动前必须先格式化NameNode（在Master执行）。执行如下命令：

```
/usr/local/hadoop/bin/hdfs  namenode  -format
```

操作命令如图2-1-16所示。

```
[root@xiandian ~]# /usr/local/hadoop/bin/hdfs  namenode  -format
```

图 2-1-16　格式化 Namenode 命令

结果如图2-1-17所示。

```
4-10.26.0.58-1562135628266
19/07/03 06:33:48 INFO common.Storage: Storage directory /usr/local/had
fs/name has been successfully formatted.
19/07/03 06:33:48 INFO namenode.FSImageFormatProtobuf: Saving image fil
cal/hadoop/tmp/dfs/name/current/fsimage.ckpt_0000000000000000000 using
ssion
19/07/03 06:33:48 INFO namenode.FSImageFormatProtobuf: Image file /usr/
oop/tmp/dfs/name/current/fsimage.ckpt_0000000000000000000 of size 321 b
d in 0 seconds.
19/07/03 06:33:48 INFO namenode.NNStorageRetentionManager: Going to ret
ges with txid >= 0
19/07/03 06:33:48 INFO util.ExitUtil: Exiting with status 0
19/07/03 06:33:48 INFO namenode.NameNode: SHUTDOWN_MSG:
/************************************************************
SHUTDOWN_MSG: Shutting down NameNode at Master/10.26.0.58
************************************************************/
```

图 2-1-17　格式化 NameNode

① 启动NameNode（在Master节点），执行如下命令：

```
/usr/local/hadoop/sbin/hadoop-daemon.sh start namenode
```

结果如图2-1-18所示。

```
[root@xiandian ~]# ${HADOOP_HOME}/sbin/hadoop-daemon.sh start namenode
chown: missing operand after '/usr/local/hadoop/logs'
Try 'chown --help' for more information.
starting namenode, logging to /usr/local/hadoop/logs/hadoop--namenode-156213527(
399.out
```

图 2-1-18　启动 NameNode 命令

② 启动DataNode（在两台Slave节点），执行如下命令：

```
/usr/local/hadoop/sbin/hadoop-daemon.sh start datanode
```

结果如图2-1-19所示。

```
[root@xiandian ~]# ${HADOOP_HOME}/sbin/hadoop-daemon.sh start datanode
chown: missing operand after '/usr/local/hadoop/logs'
Try 'chown --help' for more information.
starting datanode, logging to /usr/local/hadoop/logs/hadoop--datanode-1562135271
082.out
```

图 2-1-19　启动 DateNode

③ 启动SecondaryNameNode（在任意节点），执行如下命令：

```
/usr/local/hadoop/sbin/hadoop-daemon.sh start secondarynamenode
```

结果如图2-1-20所示。

```
[root@xiandian ~]# ${HADOOP_HOME}/sbin/hadoop-daemon.sh start secondarynamenode
chown: missing operand after '/usr/local/hadoop/logs'
Try 'chown --help' for more information.
starting secondarynamenode, logging to /usr/local/hadoop/logs/hadoop--secondaryn
amenode-1562135271842.out
```

图 2-1-20　启动 SecondaryNameNode

④ 启动ResourceManager（在Master节点），执行如下命令：

```
/usr/local/hadoop/sbin/yarn-daemon.sh start resourcemanager
```

结果如图2-1-21所示。

```
[root@xiandian ~]# ${HADOOP_HOME}/sbin/yarn-daemon.sh start resourcemanager
starting resourcemanager, logging to /usr/local/hadoop/logs/yarn--resourcem
r-1562135270399.out
```

图 2-1-21　启动 ResourceManager

⑤ 启动NodeManager（在两台Slave节点），执行如下命令：

```
/usr/local/hadoop/sbin/yarn-daemon.sh start nodemanager
```

结果如图2-1-22所示。

```
[root@xiandian ~]# ${HADOOP_HOME}/sbin/yarn-daemon.sh start nodemanager
starting nodemanager, logging to /usr/local/hadoop/logs/yarn--nodemanager-156
5271842.out
```

图 2-1-22　启动 NodeManager

⑥ 使用jsp命令查看是否已经启动成功，各节点有不同的进程。

Master节点进程如图2-1-23所示。

```
[root@xiandian ~]# jps
2569 NameNode
5133 Jps
4526 ResourceManager
```

图 2-1-23　Master 运行进程

Slave节点进程如图2-1-24所示。

```
[root@xiandian ~]# jps
3809 NodeManager
4901 DataNode
5062 Jps
3402 SecondaryNameNode
```

图 2-1-24　Slave 运行进程

（2）自动化启动。

进入Hadoop的安装目录，格式化NameNode（在Master执行），执行如下命令：

```
/usr/local/hadoop/bin/hdfs  namenode  -format
```

自动化启动（在Master节点上），3台节点先修改/usr/local/hadoop /etc/hadoop/hadoop-env.sh文件，执行如下命令：

```
cd /usr/local/hadoop/etc/hadoop
vi hadoop-env.sh
```

找到以 export JAVA_HOME开始的一行，改为如图2-1-25所示。

```
# The java implementation to use.
export JAVA_HOME=/usr/lib/jvm/java-1.8.0-openjdk
```

图 2-1-25　hadoop-env.sh 文件

执行start-all.sh脚本即可，执行如下命令：

```
/usr/local/hadoop/sbin/start-all.sh
```

操作命令及启动结果如图2-1-26所示。

```
[root@xiandian ~]# /usr/local/hadoop/sbin/start-all.sh
This script is Deprecated. Instead use start-dfs.sh and start-yarn.sh
Starting namenodes on [Master]
Master: Warning: Permanently added 'master,10.26.0.127' (ECDSA) to the list of known hosts.
Master: starting namenode, logging to /usr/local/hadoop/logs/hadoop-root-namenode-688c833ebe31.out
Slave1: Warning: Permanently added 'slave1,10.26.0.116' (ECDSA) to the list of known hosts.
Slave2: Warning: Permanently added 'slave2,10.26.0.120' (ECDSA) to the list of known hosts.
Slave1: starting datanode, logging to /usr/local/hadoop/logs/hadoop-root-datanode-3da6360ebff0.out
Slave2: starting datanode, logging to /usr/local/hadoop/logs/hadoop-root-datanode-d8883147a55d.out
Starting secondary namenodes [0.0.0.0]
0.0.0.0: Warning: Permanently added '0.0.0.0' (ECDSA) to the list of known hosts.
0.0.0.0: starting secondarynamenode, logging to /usr/local/hadoop/logs/hadoop-root-secondarynamenode-688c833ebe31.out
starting yarn daemons
starting resourcemanager, logging to /usr/local/hadoop/logs/yarn--resourcemanager-688c833ebe31.out
Slave1: starting nodemanager, logging to /usr/local/hadoop/logs/yarn-root-nodemanager-3da6360ebff0.out
Slave2: starting nodemanager, logging to /usr/local/hadoop/logs/yarn-root-nodemanager-d8883147a55d.out
[root@xiandian ~]#
```

图 2-1-26　自动化启动 Hadoop

任务考评

【创建项目】考评记录

姓名		完成日期	
序号	考核内容	标准分	评分
01	搭建集群：搭建 Linux 服务器的集群	30	
02	SSH 配置：SSH 免密登录配置	20	
03	安装 JDK：在服务器安装 JDK	30	
04	启动集群：Hadoop 集群的启动	20	
总评分		100	

任务实现心得：

任务实训	熟悉搭建Linux服务器的集群的流程： 自行搭建一个多节点的集群
任务目标	能够独立进行集群的搭建及启动
任务总结	

任务2 HDFS文件系统常用命令操作

任务描述

情境描述	张亮的团队在公司的支持下，成功搭建了Hadoop平台，由于Hadoop框架核心设计为HDFS和MapReduce。他们团队为了快速进行下一次的软件升级，准备加班加点地完成HDFS的部署，HDFS为海量的数据提供了存储，它的常用命令和Linux系统的文件系统指令较为相似，所以张亮建议再招聘一些懂得Linux操作系统的计算机相关专业的应届生加入他的团队。 经过重重面试，大数据专业的毕业生小李成功入职X公司
任务分解	分析上面的工作情境，将任务分解如下： （1）学习目录操作：创建目录、进入目录、删除目录和目录重命名等操作。 （2）学习文件操作：上传文件、下拉文件、移动和复制文件、删除文件等操作。 ①熟悉HDFS命令基本格式：hadoop fs -cmd < args >。 ②总结所有HDFS常用命令：如ls命令、put命令、moveFromLocal命令、copyFromLocal命令、get命令、copyToLocal命令、rm命令、mkdir命令等指令
任务准备	首先需要熟悉HDFS文件系统常用命令操作，先复习常见文件系统的知识及其文件操作指令，作为本次任务的基础。 进入Hadoop安装目录，即切换到${HADOOP_HOME}目录（本任务在/usr/local/hadoop下）

任务目标

知识目标	掌握HDFS命令基本格式的使用方法。 掌握HDFS常用命令的操作及使用范围。 掌握常用的HDFS文件操作系统的命令
技能目标	本任务中需要掌握以下技能： （1）能够熟练运用HDFS命令基本格式。 （2）能够掌握HDFS常见指令的使用方法：能够根据不同的应用场景或者需求，灵活使用不同的文件和目录操作命令来完成任务的目标
素质目标	实践与规范：严格遵守命令的应用范围，养成严谨的习惯，勤思考，多动手，独立解决问题，遇到困难能够耐心分析问题，克服畏难情绪

任务实现

视频

数据上传HDFS操作

搭建好Hadoop集群，并且成功启动Hadoop服务；自行修改主机名和主机IP映射；如果OpenJDK有更新的情况，需要自行修改~/.bashrc文件中的OpenJDK的版本。

以下所有操作都在Hadoop安装目录下进行，即${HADOOP_HOME}目录（本任务在/usr/local/hadoop下），如果要使用HDFS命令，必须成功启动Hadoop集群，具体启动方式见上一个任务。

HDFS命令基本格式：hadoop fs -cmd < args >

步骤1: ls命令

（1）列出HDFS文件系统根目录下的目录和文件。在#后输入hadoop fs -ls /命令，按【Enter】键。示例代码如下：

```
hadoop fs -ls  /
```

执行结果如图2-2-1所示。

```
[root@master ~]# hadoop fs -ls /
Found 4 items
drwxr-xr-x   - Administrator supergroup          0 2017-04-24 01:19 /a20e82d9-e
ed-4bea-9b03-9d119d0bb306
drwxr-xr-x   - root          supergroup          0 2018-02-12 00:59 /hbase
drwx------   - root          supergroup          0 2018-02-10 22:22 /tmp
drwxrwxrwx   - hdfs          hdfs                0 2018-02-10 22:22 /user
```

图 2-2-1　显示所有文件

注意：

本任务中的显示结果为安装了 HBase 之后的 HDFS 上面的文件。新的 Hadoop 集群执行此命令不会有文件显示，只有后续经过一些操作才会有文件。

（2）列出HDFS文件系统所有的目录和文件，在#后输入hadoop fs -ls -R /命令，按【Enter】键。示例代码如下：

```
hadoop fs -ls -R /
```

执行结果如图2-2-2所示。

```
asiMonteCarlo_1518319340789_698036166/in/part3
-rwxrwxrwx   3 hdfs          hdfs              118 2018-02-10 22:22 /user/root/Q
asiMonteCarlo_1518319340789_698036166/in/part4
drwxrwxrwx   - hdfs          hdfs                0 2018-02-10 23:21 /user/root/Q
asiMonteCarlo_1518322909671_1083050937
drwxrwxrwx   - hdfs          hdfs                0 2018-02-10 23:21 /user/root/Q
asiMonteCarlo_1518322909671_1083050937/in
-rwxrwxrwx   3 hdfs          hdfs              118 2018-02-10 23:21 /user/root/Q
asiMonteCarlo_1518322909671_1083050937/in/part0
-rwxrwxrwx   3 hdfs          hdfs              118 2018-02-10 23:21 /user/root/Q
asiMonteCarlo_1518322909671_1083050937/in/part1
-rwxrwxrwx   3 hdfs          hdfs              118 2018-02-10 23:21 /user/root/Q
asiMonteCarlo_1518322909671_1083050937/in/part2
-rwxrwxrwx   3 hdfs          hdfs              118 2018-02-10 23:21 /user/root/Q
asiMonteCarlo_1518322909671_1083050937/in/part3
-rwxrwxrwx   3 hdfs          hdfs              118 2018-02-10 23:21 /user/root/Q
```

图 2-2-2　显示系统所有文件

步骤2: put命令

用于将本地文件上传到HDFS文件系统，hdfs file的父目录一定要存在，否则命令不执行。

语法：hadoop fs -put < local file >< hdfs file >

local file：表示是虚拟机本地文件路径和文件名。

hdfs file：表示是HDFS上的文件。

执行具体命令时，修改对应的文件路径和文件名就可以了。put的文件必须要存在，如果不存在执行无法成功。

（1）首先创建多个文件用于测试，在#后输入touch /test.txt命令，按【Enter】键；在

#后输入touch /test1.txt命令，按【Enter】键；在#后输入touch /test2.txt命令，按【Enter】键。示例代码如下：

```
touch /test.txt
touch /test1.txt
touch /test2.txt
```

（2）把本地根目录下的test.txt文件放在HDFS的 / 目录下，在#后输入hadoop fs -put /test.txt /命令，按【Enter】键。示例代码如下：

```
hadoop fs -put /test.txt  /
```

（3）在#后输入hadoop fs -ls /命令查看文件是否放置成功，示例代码如下：

```
hadoop fs -ls  /
```

执行结果如图2-2-3所示。

```
[root@xiandian ~]# hadoop fs -ls /
Found 1 items
drwxr-xr-x   - root supergroup          0 2019-07-03 06:51 /test.txt
```

图 2-2-3 查看 put 的文件

步骤3： moveFromLocal命令

与put命令类似，命令执行后源文件local src被删除。

语法：hadoop fs -moveFromLocal < local src > < hdfs dst >

（1）在#后输入hadoop fs -moveFromLocal /test.txt /test_hdfs.txt 命令，按【Enter】键，示例代码如下：

```
hadoop fs -moveFromLocal /test.txt  /test_hdfs.txt
```

注意：

如果是多次操作，由于之前 put 命令已经将 test.txt 放入到 / 目录中，所以会提示文件已经存在，可以在本命令的 / 后面加上新的文件名，如：/test_hdfs.txt。

（2）在#后输入hadoop fs -ls /命令，按【Enter】键，执行结果如图2-2-4所示。

```
[root@xiandian ~]# hadoop fs -ls /
Found 2 items
drwxr-xr-x   - root supergroup          0 2019-07-03 06:51 /test.txt
drwxr-xr-x   - root supergroup          0 2019-07-03 06:53 /test_hdfs.txt
```

图 2-2-4 查看 moveFromLocal 命令文件

步骤4： copyFromLocal命令

copyFromLocal命令与put命令相类似。

语法：hadoop fs -copyFromLocal < local src >< hdfs dst >

（1）在#后输入hadoop fs -copyFromLocal /test1.txt /test_hdfs1.txt 命令，按【Enter】键，示例代码如下：

```
hadoop fs -copyFromLocal  /test1.txt  /test_hdfs1.txt
```

（2）在#后输入hadoop fs -ls /命令，按【Enter】键，执行结果如图2-2-5所示。

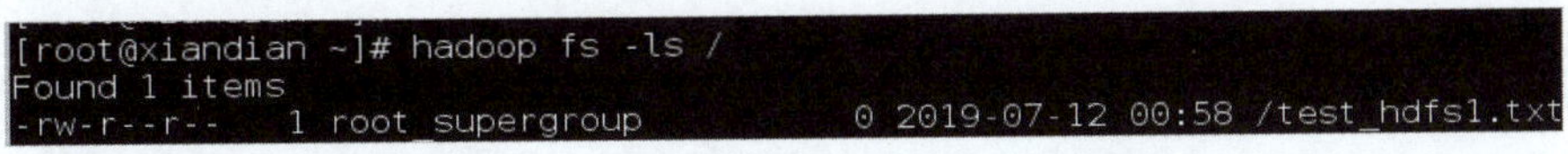

```
[root@xiandian ~]# hadoop fs -ls /
Found 1 items
-rw-r--r--   1 root supergroup          0 2019-07-12 00:58 /test_hdfs1.txt
```

图 2-2-5　查看 copyFromLocal 命令结果

步骤5： get命令

将HDFS中没有重名的文件复制到本地。

语法：hadoop fs -get < hdfs file >< local file or dir>

> **注意：**
> local file 和 hdfs file 名字不能相同，否则会提示文件已存在。拷贝多个文件或目录到本地时，本地应为文件夹路径。

（1）将HDFS文件拷贝到本地usr目录中，在#后输入hadoop fs -get /test.txt /usr命令，示例代码如下：

```
hadoop fs -get /test.txt  /usr
```

（2）/usr目录下使用ls命令查看，执行结果如图2-2-6所示。

```
cd /usr
ls
```

```
[root@master usr]# ls
```

图 2-2-6　本地查看 get 命令结果

> **注意：**
> 如果用户不是 root，local 路径要为用户文件夹下的路径，否则会出现权限问题。

步骤6： copyToLocal命令

copyToLocal命令与get命令相类似。

语法：hadoop fs -copyToLocal < hdfs dst > < local src >

在#后输入hadoop fs -copyToLocal /test_hdfs.txt /usr命令，示例代码如下：

```
hadoop fs -copyToLocal /test_hdfs.txt  /usr
```

使用ls命令查看，示例代码如下：

```
ls
```

执行结果如图2-2-7所示。

```
[root@master usr]# ls
bin  games   include  lib    libexec  sbin   src              test.txt
etc  hadoop  jdk64    lib64  local    share  test_hdfs.txt    tmp
```

图 2-2-7　本地查看 copyToLocal 命令结果

步骤7： rm命令

删除文件或目录。

语法：hadoop fs -rm [-skipTrash] < hdfs file >

语法：hadoop fs -rm -r [-skipTrash] < hdfs dir>

-r：表示删除目录。

在#后输入hadoop fs -rm /test.txt命令删除文件，示例代码如下：

```
hadoop fs -rm /test.txt
```

执行结果如图2-2-8所示。

```
root@xiandian ~]# hadoop fs -rm /test.txt
eleted /test.txt
```

图 2-2-8　删除文件

步骤8： mkdir命令

创建目录。

语法：hadoop fs -mkdir < hdfs path>

注意：

一级一级的创建目录，父目录不存在的话使用这个命令会报错。

语法：hadoop fs -mkdir -p < hdfs path>

注意：

所创建的目录如果父目录不存在就创建该父目录。

（1）创建父目录。在#后输入hadoop fs -mkdir -p /father/son命令，示例代码如下：

```
hadoop fs -mkdir -p /father/son
```

（2）在#后输入hadoop fs -ls /命令，执行结果如图2-2-9所示。

```
[root@master usr]# hadoop fs -ls /
Found 9 items
drwxr-xr-x   - Administrator supergroup          0 2017-04-24 01:19 /a20e82d9-e
ed-4bea-9b03-9d119d0bb306
drwxr-xr-x   - root          supergroup          0 2019-07-02 05:33 /father
```

图 2-2-9　mkdir 执行结果查看

步骤9： cp命令

复制文件或目录。

语法：hadoop fs –cp < hdfs file >< hdfs file >

注意：

目标文件不能存在，否则命令不能执行，相当于给文件重命名并保存，源文件还存在。

语法：hadoop fs –cp < hdfs file or dir >< hdfs dir >

注意：

目标文件夹要存在，否则命令不能执行。

（1）文件重命名并保存。在#后输入hadoop fs -cp /father/son /father/son1命令，示例代码如下：

```
hadoop fs -cp /father/son /father/son1
```

（2）在#后输入hadoop fs -ls /father命令，执行结果如图2-2-10所示。

```
[root@master usr]# hadoop fs -ls /father
Found 2 items
drwxr-xr-x   - root supergroup          0 2019-07-02 05:32 /father/son
drwxr-xr-x   - root supergroup          0 2019-07-04 02:37 /father/son1
```

图 2-2-10　cp 命令结果查看

步骤10： mv命令

在HDFS中移动文件或目录。

语法：hadoop fs –mv < hdfs file >< hdfs file >

注意：

目标文件不能存在，否则命令不能执行，相当于给文件重命名并保存，执行后源文件不存在。

语法：hadoop fs –mv　< hdfs file or dir >< hdfs dir >

注意：

源路径有多个时，目标路径必须为已存在的目录。

（1）将HDFS中的son1目录移动到/目录下，在#后输入hadoop fs -mv /father/son1 /命令，示例代码如下：

```
hadoop fs -mv /father/son1  /
```

（2）在#后输入hadoop fs -ls /命令，执行结果如图2-2-11所示。

```
[root@master usr]# hadoop fs -ls /
Found 9 items
drwxr-xr-x   - Administrator supergroup          0 2017-04-24 01:19 /a20e82d9-
ed-4bea-9b03-9d119d0bb306
drwxr-xr-x   - root          supergroup          0 2019-07-02 05:33 /father
drwxr-xr-x   - root          supergroup          0 2018-02-12 00:59 /hbase
drwxr-xr-x   - root          supergroup          0 2019-07-02 05:32 /son1
drwxr-xr-x   - root          supergroup          0 2019-07-04 02:31 /test.txt
```

图 2-2-11　mv 命令结果查看

注意：

跨文件系统的移动（local 到 HDFS 或者反过来）都是不允许的。

任务考评

【创建项目】考评记录

姓名		完成日期	
序号	考核内容	标准分	评分
01	进入指定工作目录	10	
02	目录常见操作命令的使用	40	
03	文件常见操作命令的使用	50	
总评分		100	

任务实现心得：

任务实训	熟悉并掌握HDFS常见命令的使用： 利用Shell命令与HDFS进行交互，分别完成目录操作和文件的操作
任务目标	能够独立进行HDFS文件系统的操作
任务总结	

任务3 Java 访问 HDFS

任务描述

情境描述	项目开展以来，一直都是小李在负责维护HDFS文件的操作，他是公司为数不多的熟练使用HDFS的文件指令的员工，但是最近小李突然生病了，没有合适的人来替代小李的工作，所以项目经理张亮决定编写一个通过Java去访问和操作HDFS文件的程序，这样小李不在，别的同事也可以替代他，未来小李也可以通过这个程序进行维护HDFS，效率会更高。 接下来，张亮将Java程序员小黄临时从别的项目组借调过来，让他完成这个任务后再回到自己的项目组，首先要完成的工作是使用Java来实现HDFS文件系统的访问和连接
任务分解	分析上面的工作情境，将任务分解如下： （1）手动创建一个测试文件并上传到HDFS。 （2）使用IntelliJ IDEA创建HadoopClient项目。 （3）编写访问类HadoopClient.java。 （4）使用java.net.URL访问HDFS。 （5）从HDFS获取文件，并打印
任务准备	（1）小黄需要收集HDFS的IP地址，准备一些测试文件上传至HDFS。 （2）Class URL表示统一资源定位符，指向万维网上“资源”的指针。资源可以是文件或目录这样简单的东西，也可以是对更复杂的对象的引用，例如对数据库或搜索引擎的查询

任务目标

知识目标	掌握安装Java集成开发环境的方法。 掌握Java连接HDFS的方法
技能目标	本任务中需要掌握以下技能： （1）能够掌握IntelliJ IDEA创建项目的方法。 （2）能够编写访问类HadoopClient.java。 （3）能够熟练使用java.net.URL访问HDFS
素质目标	认真与责任：在创建虚拟环境和项目的过程中，核对复杂环境变量配置、解决各项依赖包版本错误等问题，体现个人认真的态度及对工作负责的精神

任务实现

安装完成的Hadoop集群；自行修改主机名和主机IP映射，并自行启动Hadoop；如果OpenJDK有更新的情况，需要自行修改~/.bashrc 文件中的OpenJDK的版本。

步骤1: 创建文件并上传到HDFS

首先在/usr/local目录下创建一个文本文档，执行如下命令：

```
vi /usr/local/test.txt
```

按【i】键进入编辑模式，编辑一段测试用的文本内容如下：

```
Ever since you were small, people have been letting you down.
Everytime you reach out for something you care about, fate comes along and snatches it away.
But... Annie, not this time, not this time!
```

编译页面如图2-3-1所示。

```
Ever since you were small, people have been letting you down.
Everytime you reach out for something you care about, fate comes along and snatc
hes it away.
But... Annie, not this time, not this time!
```

图 2-3-1　编辑 test.txt

按【Esc】键退出编辑模式，进入命令模式并保存文件所做的更改，执行如下命令：

```
:wq
```

将刚才创建的test.txt上传至HDFS根目录，然后执行如下命令：

```
hadoop fs -put /usr/local/test.txt /
```

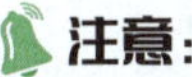
注意：

/usr/local/test.txt 是创建的 test.txt 文件的全路径。

步骤2： 使用IntelliJ IDEA创建HadoopClient项目

关闭Linux界面，切换到桌面系统，双击IDEA开发工具，勾选同意协议复选框，然后单击“Continue”按钮，如图2-3-2所示。

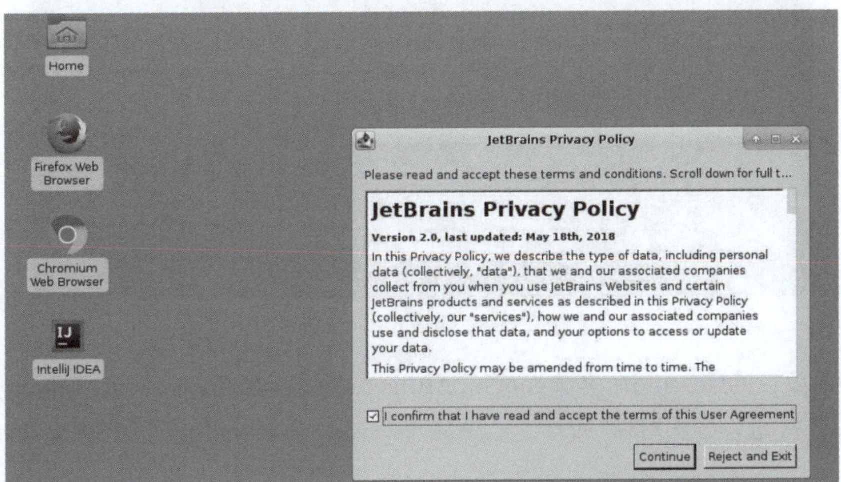

图 2-3-2　IDEA 使用

单击“+Create New Project”按钮新建项目，如图2-3-3所示。

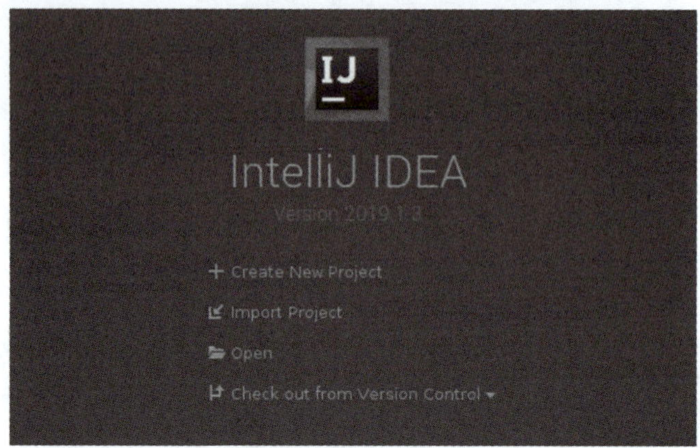

图 2-3-3　新建项目

选择Project SDK为Java 1.8版本，单击“Next”按钮，如图2-3-4所示。

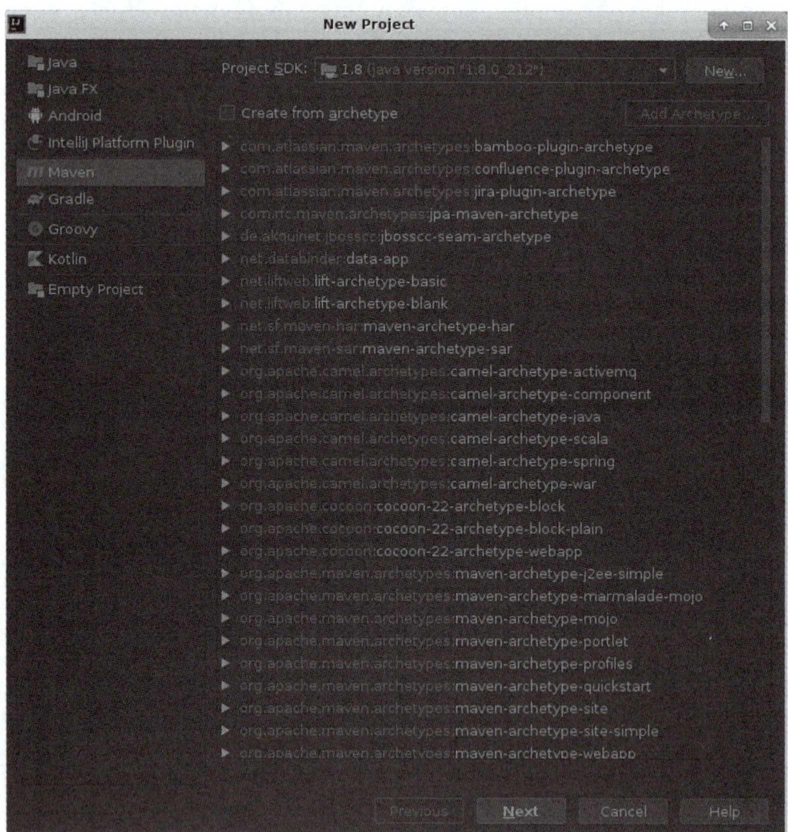

图 2-3-4　新建 Maven 项目

将Maven项目的GroupId命名为google，ArtifactId命名为hadoop-client，Version选择默认，单击“Next”按钮，如图2-3-5 所示。

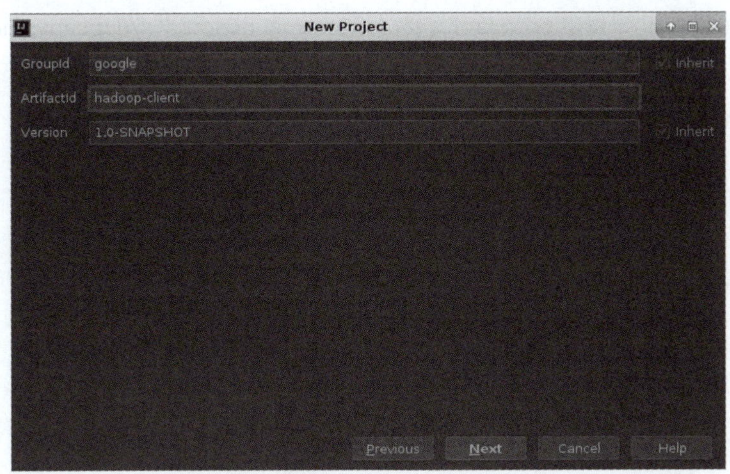

图 2-3-5 填写 GroupId 和 ArtifactId

将Maven项目的Project name命名为HadoopClient（注意大小写），Project location选择用户项目存放的路径，这里是默认在桌面，最后单击“Finish”按钮完成创建HadoopClient项目，如图2-3-6所示。

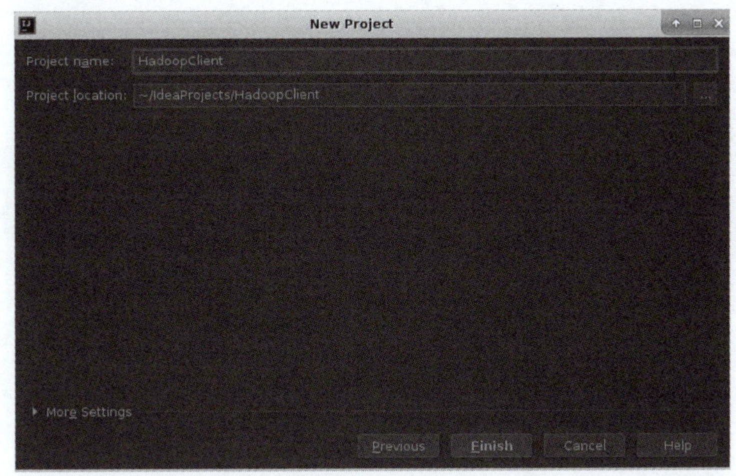

图 2-3-6 填写 Project name

单击“Finish”按钮之后出现欢迎界面，单击“Close”按钮关闭该界面即可，如图2-3-7所示。

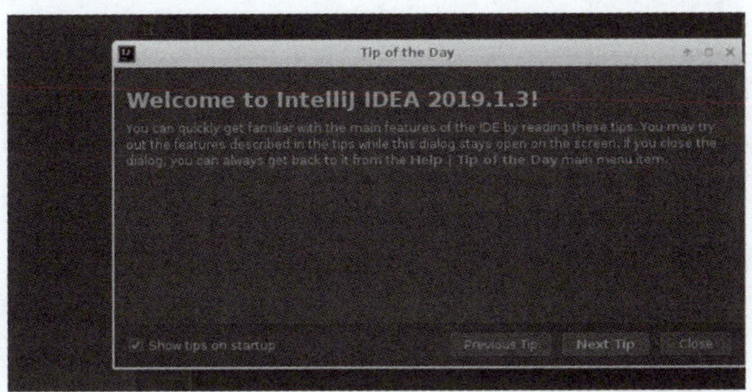

图 2-3-7 关闭欢迎界面

修改HadoopClient 项目的pom.xml文件，在<dependencies></dependencies>标签中添加如下内容，如果没有<dependencies></dependencies>标签，需要自行打出该标签，或者直接全部添加，内容添加在<version>标签下面，具体内容如下：

```
<dependencies>
<dependency>
     <groupId>junit</groupId>
     <artifactId>junit</artifactId>
     <version>4.12</version>
     <scope>test</scope>
</dependency>
<!-- https://mvnrepository.com/artifact/org.apache.hadoop/hadoop-client -->
<dependency>
     <groupId>org.apache.hadoop</groupId>
     <artifactId>hadoop-client</artifactId>
     <version>2.8.3</version>
</dependency>
<dependency>
      <groupId>org.apache.hadoop</groupId>
      <artifactId>hadoop-common</artifactId>
      <version>2.8.3</version>
</dependency>
<dependency>
      <groupId>org.apache.hadoop</groupId>
      <artifactId>hadoop-hdfs</artifactId>
      <version>2.8.3</version>
</dependency>
<dependency>
      <groupId>org.apache.hadoop</groupId>
      <artifactId>hadoop-mapreduce-client-common</artifactId>
        <version>2.8.3</version>
    </dependency>
</dependencies>
```

接下来导入HadoopClient所有的jar依赖文件。

由于默认访问的是官方服务器，直接单击“import changes”选项来update项目，下载过程可能会比较长。所以要改成访问国内镜像服务器update项目，此方法在以后的任务中都会用到，具体操作如下。

在实训系统命令行界面的任意目录下新建settings.xml文件，文件内容如下：

```
<?xml version="1.0" encoding="UTF-8"?>

<settings xmlns="http://maven.apache.org/SETTINGS/1.0.0"
   xmlns:xsi="http://www.w3.org/2001/XMLSchema-instance"
   xsi:schemaLocation="http://maven.apache.org/SETTINGS/1.0.0
   http://maven.apache.org/xsd/settings-1.0.0.xsd">
```

```
        <localRepository>/root/.m2/repository</localRepository>

    <mirrors>
        <mirror>
            <id>nexus-tae</id>
            <mirrorOf>*</mirrorOf>
            <name>Nexus tae</name>
            <url>http://mvnrepo.tae.taobao.com/content/groups/public/</url>
        </mirror>

    </mirrors>

    <profiles>
        <profile>
            <repositories>
                <repository>
                    <id>nexus</id>
                    <name>local private nexus</name>
                    <url>http://mvnrepo.tae.taobao.com/content/
                       groups/public/</url>
                    <releases>
                        <enabled>true</enabled>
                    </releases>
                    <snapshots>
                        <enabled>false</enabled>
                    </snapshots>
                </repository>

            </repositories>
            <pluginRepositories>
                <pluginRepository>
                    <id>nexus</id>
                    <name>local private nexus</name>
                    <url>http://mvnrepo.tae.taobao.com/content/
                       groups/public/</url>
                    <releases>
                        <enabled>true</enabled>
                    </releases>
                    <snapshots>
                        <enabled>false</enabled>
                    </snapshots>
                </pluginRepository>
            </pluginRepositories>
        </profile>
    </profiles>

</settings>
```

新建完成后，在IDEA开发软件中单击“File->Settings”命令进入设置页面，如图2-3-8所示。

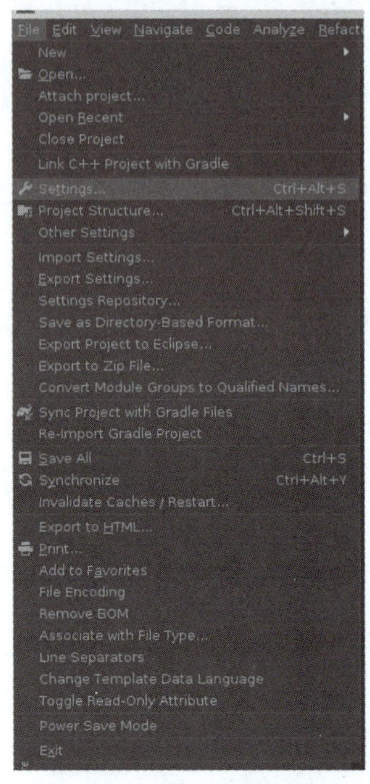

图 2-3-8　进入设置界面

在设置页面选择“Build,Execution,Deployment->Build Tools->Maven”命令，如图2-3-9所示。

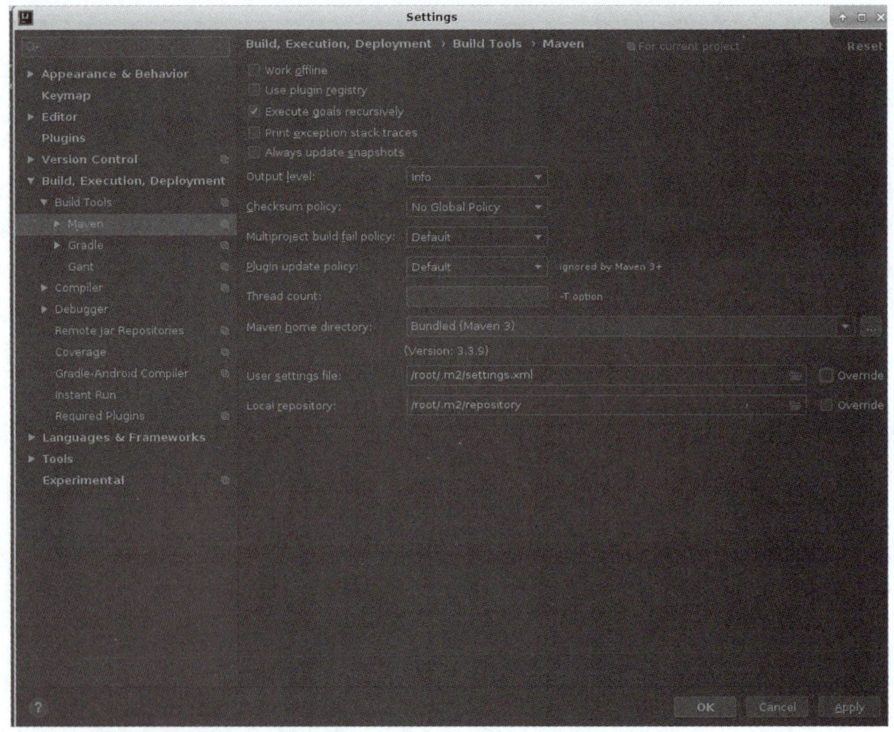

图 2-3-9　进入 Maven 设置界面

在右侧选单中选择User setting file后的“Override”的复选框，选择setting.xml文件路径，操作如图2-3-10所示。

注意：
setting.xml 文件路径必须是自己所创 setting.xml 具体路径。

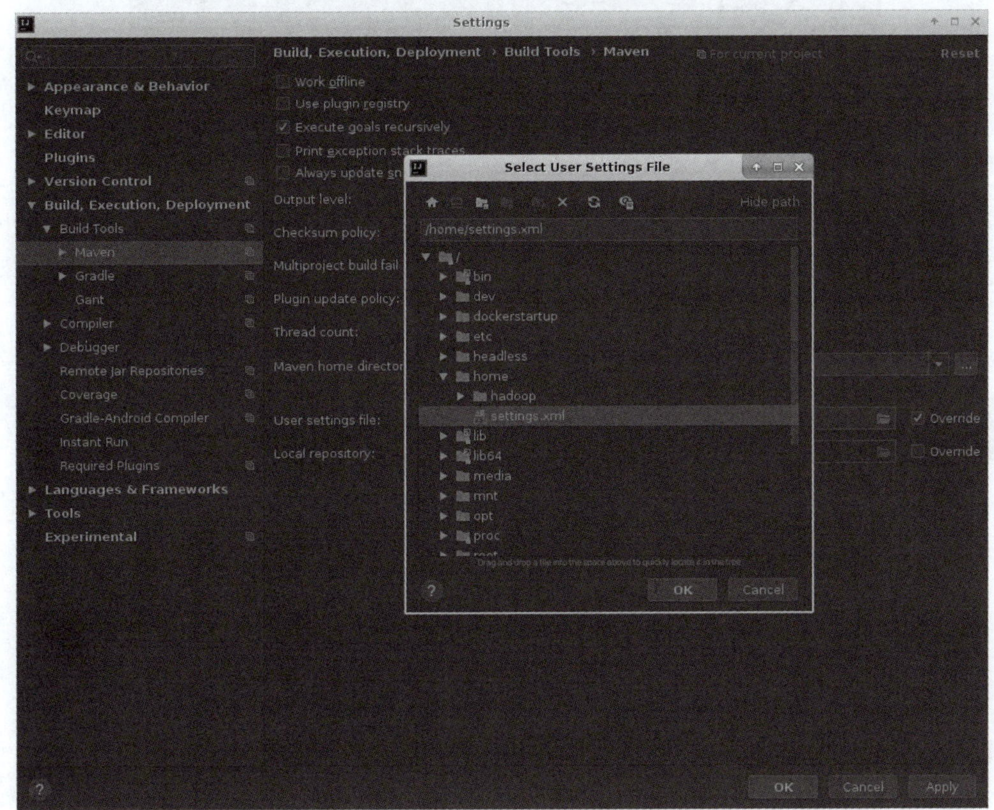

图 2-3-10 选择路径

选择完成后单击“OK”按钮，结果如图2-3-11所示。

User settings file: /home/settings.xml Override
Local repository: /root/.m2/repository Override

图 2-3-11 路径结果

再次单击“OK”按钮，确认完成。

访问国内服务器设置完成后，单击“import changes”选项来update项目，如图2-3-12所示。

可以通过单击“2 processes running…”查看进度，等下载完成之后，上面的红色文字变为灰色，并且右边没有红色的横线，如图2-3-13、图2-3-14 所示。

```
    <version>1.0-SNAPSHOT</version>
    <dependencies>
        <dependency>
            <groupId>junit</groupId>
            <artifactId>junit</artifactId>
            <version>4.12</version>
            <scope>test</scope>
        </dependency>
        <!-- https://mvnrepository.com/artifact/org.apache.hadoop/hadoop-client -->
        <dependency>
            <groupId>org.apache.hadoop</groupId>
            <artifactId>hadoop-client</artifactId>
            <version>2.8.3</version>
        </dependency>
        <dependency>
            <groupId>org.apache.hadoop</groupId>
            <artifactId>hadoop-common</artifactId>
            <version>2.8.3</version>
        </dependency>
        <dependency>
            <groupId>org.apache.hadoop</groupId>
            <artifactId>hadoop-hdfs</artifactId>
            <version>2.8.3</version>
        </dependency>
        <dependency>
            <groupId>org.apache.hadoop</groupId>
            <artifactId>hadoop-mapreduce-client-common</artifactId>
            <version>2.8.3</version>
        </dependency>
    </dependencies>

</project>

Maven projects need to be imported
Import Changes   Enable Auto-Import
project > dependencies > dependency > version
```

图 2-3-12　引入 pom 依赖

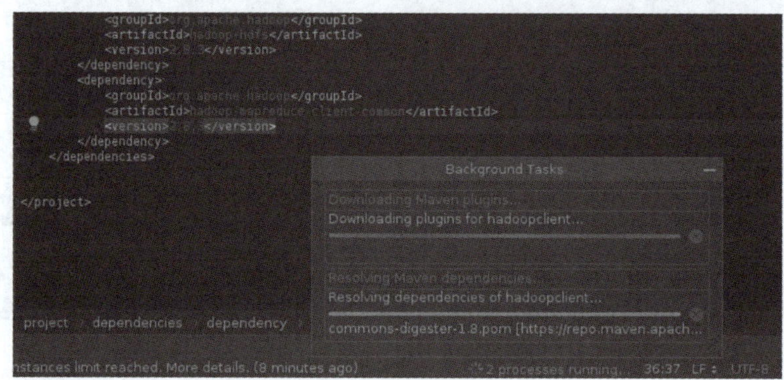

图 2-3-13　查看下载进度

```
<artifactId>hadoopclient</artifactId>
<version>1.0-SNAPSHOT</version>
<dependencies>
    <dependency>
        <groupId>junit</groupId>
        <artifactId>junit</artifactId>
        <version>4.12</version>
        <scope>test</scope>
    </dependency>
    <!-- https://mvnrepository.com/artifact/org.apache.hadoop/hadoop-client -->
    <dependency>
        <groupId>org.apache.hadoop</groupId>
        <artifactId>hadoop-client</artifactId>
        <version>2.8.3</version>
    </dependency>
    <dependency>
        <groupId>org.apache.hadoop</groupId>
        <artifactId>hadoop-common</artifactId>
        <version>2.8.3</version>
    </dependency>
    <dependency>
        <groupId>org.apache.hadoop</groupId>
        <artifactId>hadoop-hdfs</artifactId>
        <version>2.8.3</version>
    </dependency>
    <dependency>
        <groupId>org.apache.hadoop</groupId>
        <artifactId>hadoop-mapreduce-client-common</artifactId>
        <version>2.8.3</version>
    </dependency>
```

图 2-3-14　下载 pom 依赖完成

步骤3： 使用java.net.URL访问HDFS

在HadoopClient项目src.main.java目录下创建一个名为HDFS的文件夹。

单击“HadoopClient->src->main->java”选项，光标移至java文件上，选中并右击，在弹出的菜单中，选择“New->Package”命令，如图2-3-15所示。

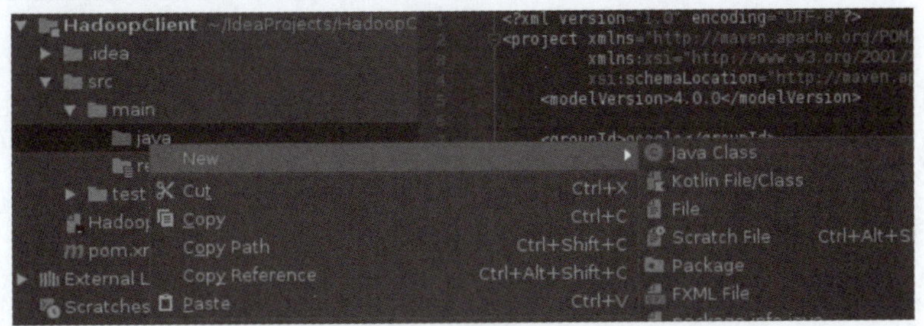

图 2-3-15　创建新的文件

在弹出的对话框中输入新的包名HDFS，单击“OK”按钮，如图2-3-16所示。

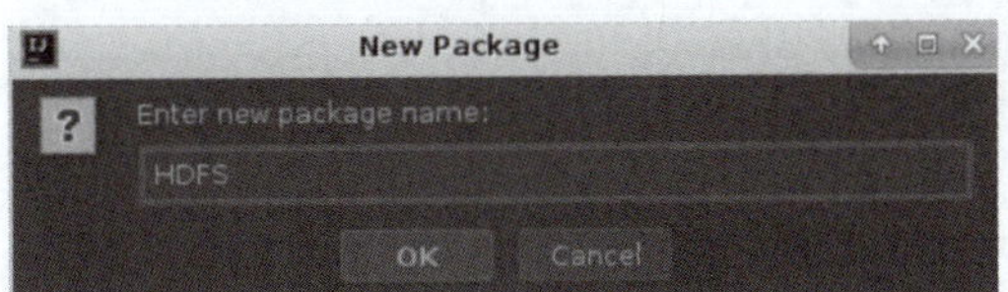

图 2-3-16　新包命名

光标移至HDFS文件上，选中并右击，选择“New->Java Class”命令创建一个Java Class文件，如图2-3-17所示。

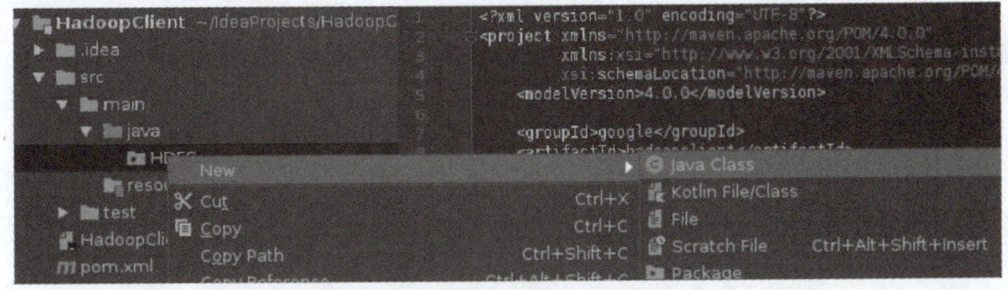

图 2-3-17　创建 Java 类

在弹出的对话框中输入类名JavaNetUrlAccess，单击“OK”按钮，如图2-3-18 所示。

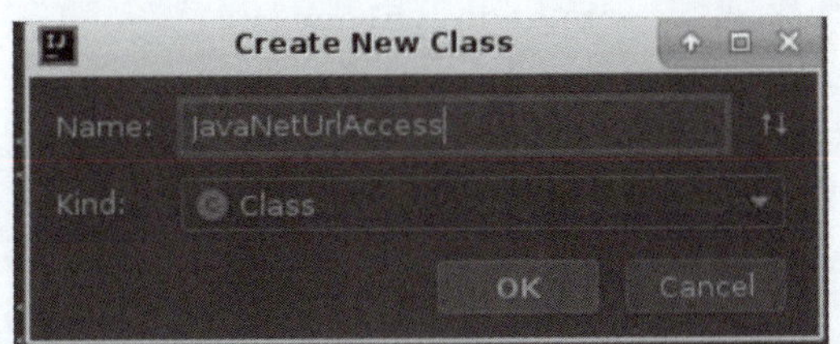

图 2-3-18　输入类名

单击“OK”按钮后会创建一个类，代码编辑的页面会出现下面的提示，单击“Attach annotation”按钮即可，如图2-3-19所示。

图 2-3-19 匹配 JDK

将代码添加到代码编栏，对代码中的IP进行修改，改为实际虚拟机的IP且端口不变。Java代码如下：

```
public class JavaNetUrlAccess {
    static {
        URL.setURLStreamHandlerFactory(new FsUrlStreamHandlerFactory());
    }

    public static void main(String[] args) {
        InputStream inputStream = null;
        try {
        //change it to yourself IP
            inputStream = new URL("hdfs://192.168.29.128:9000/test.txt").
                          openStream();
            InputStreamReader inputStreamReader = new InputStreamReader
                                                  (inputStream);
            BufferedReader bufferedReader = new BufferedReader
                                            (inputStreamReader);
            String line = null;
            System.err.println("\n\nstart printing test.txt!\n");
            while ((line = bufferedReader.readLine()) != null) {
                System.err.println(line);
            }
            System.err.println("\ndone!\n\n");
            if (bufferedReader != null) {
                bufferedReader.close();
            }
            if (inputStreamReader != null) {
                inputStreamReader.close();
            }
            if (inputStream != null) {
                inputStream.close();
            }
        } catch (Exception e) {
        e.printStackTrace();
        }
    }
}
```

代码复制之后，会有部分代码报错，这是因为没有导入相关依赖包，需要手动导入包，如图2-3-20所示。

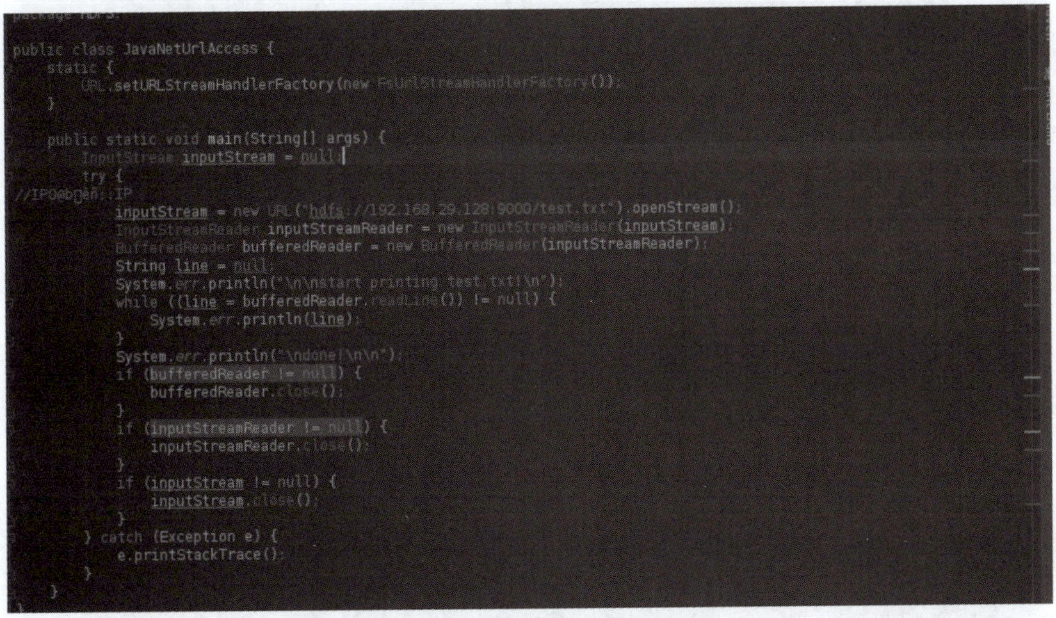

```
package hdfs;

public class JavaNetUrlAccess {
    static {
        URL.setURLStreamHandlerFactory(new FsUrlStreamHandlerFactory());
    }

    public static void main(String[] args) {
        InputStream inputStream = null;
        try {
//IPO@bǿēn;:IP
            inputStream = new URL("hdfs://192.168.29.128:9000/test.txt").openStream();
            InputStreamReader inputStreamReader = new InputStreamReader(inputStream);
            BufferedReader bufferedReader = new BufferedReader(inputStreamReader);
            String line = null;
            System.err.println("\n\nstart printing test.txt!\n");
            while ((line = bufferedReader.readLine()) != null) {
                System.err.println(line);
            }
            System.err.println("\ndone!\n\n");
            if (bufferedReader != null) {
                bufferedReader.close();
            }
            if (inputStreamReader != null) {
                inputStreamReader.close();
            }
            if (inputStream != null) {
                inputStream.close();
            }
        } catch (Exception e) {
            e.printStackTrace();
        }
    }
```

图 2-3-20　代码缺少相应包

接下来就是对这些代码进行导入依赖包，单击对应的红色代码，然后按住【Alt+Enter】组合键。有些引导的包可能只有一个依赖包会自动导入，比如URL就只有一个依赖包。有些如果有多个依赖包的话就会需要我们选择导入的依赖包，如InputStream就有多个依赖包，选择（java.io）的依赖包，选择之后按【Enter】键确定，如图2-3-21 所示。

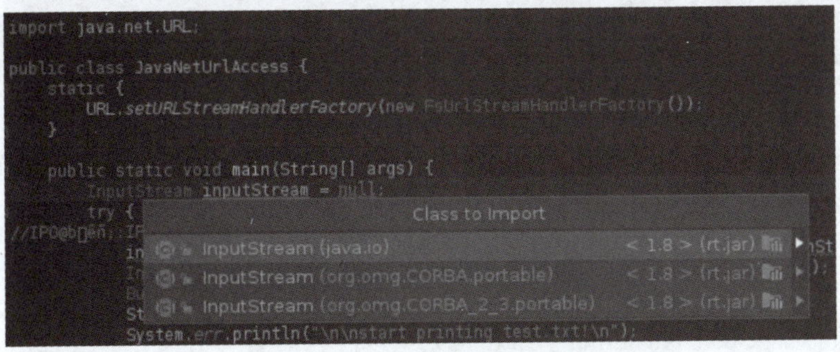

```
import java.net.URL;

public class JavaNetUrlAccess {
    static {
        URL.setURLStreamHandlerFactory(new FsUrlStreamHandlerFactory());
    }

    public static void main(String[] args) {
        InputStream inputStream = null;
        try {
                    Class to Import
            InputStream (java.io)                          < 1.8 > (rt.jar)
            InputStream (org.omg.CORBA.portable)           < 1.8 > (rt.jar)
            InputStream (org.omg.CORBA_2_3.portable)       < 1.8 > (rt.jar)
        System.err.println("\n\nstart printing test.txt!\n");
```

图 2-3-21　多个依赖包的选择

注意：

关于多包该导哪个包的问题，一般使用的是和 Hadoop 有关的功能，所以引用的是带有 Hadoop 的包。

正常情况按住【Alt+Enter】组合键，FsUrlStreamHandlerFactory会自动安装依赖包。

如果FsUrlStreamHandlerFactory依赖包没有自动安装，按住【Alt+Enter】组合键之后会出现如图2-3-22的提示，这是缺少依赖，选择“Add Maven Dependency”选项添加依赖。

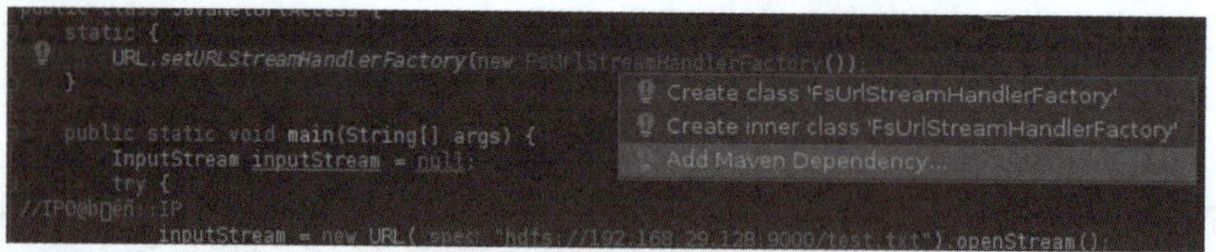

图 2-3-22　添加依赖

在选择添加依赖之后出现的新界面中单击“Add”按钮即可，然后单击“import changes”选项，如图2-3-23所示。

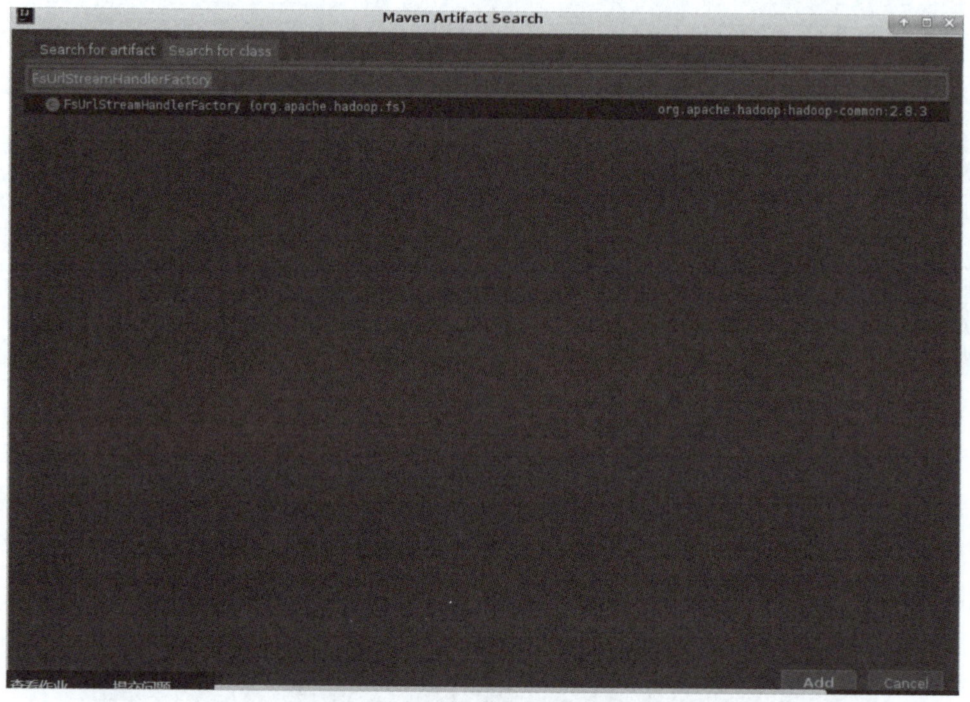

图 2-3-23　添加具体依赖

等待下载完成之后，单击代码中的红色代码FsUrlStreamHandlerFactory，然后按【Alt+Enter】组合键，代码即可自动导入相关包。

注意：

其他几项都需要按【Alt+Enter】组合键完成依赖包的自动安装，并且在以后的任务中都要根据以上操作完成相关包的导入。

最后，在代码的上方，会有相关导入包的代码，如图2-3-24所示。

代码完成之后，开始运行代码。将光标移至刚创建的类上选中并右击，选择“Debug 'JavaNetUrlAccess.main()'”命令来运行debug main()方法，如图2-3-25所示。

输出结果如图2-3-26所示。

```
package HDFS;

import org.apache.hadoop.fs.FsUrlStreamHandlerFactory;
import java.io.BufferedReader;
import java.io.InputStream;
import java.io.InputStreamReader;
import java.net.URL;

public class JavaNetUrlAccess {
    static {
        URL.setURLStreamHandlerFactory(new FsUrlStreamHandlerFactory());
    }

    public static void main(String[] args) {
        InputStream inputStream = null;
        try {
//IPO@b[]ěñ::IP
            inputStream = new URL( spec: "hdfs://192.168.29.128:9000/test.txt").openStream();
            InputStreamReader inputStreamReader = new InputStreamReader(inputStream);
            BufferedReader bufferedReader = new BufferedReader(inputStreamReader);
            String line = null;
            System.err.println("\n\nstart printing test.txt!\n");
            while ((line = bufferedReader.readLine()) != null) {
                System.err.println(line);
            }
            System.err.println("\ndone!\n\n");
            if (bufferedReader != null) {
                bufferedReader.close();
            }
            if (inputStreamReader != null) {
                inputStreamReader.close();
            }
            if (inputStream != null) {
                inputStream.close();
            }
        } catch (Exception e) {
            e.printStackTrace();
        }
    }
```

图 2-3-24　导入的包

```
New
Cut                                   Ctrl+X
Copy                                  Ctrl+C
Copy Path                             Ctrl+Shift+C
Copy Reference                        Ctrl+Alt+Shift+C
Paste                                 Ctrl+V
Find Usages                           Alt+F7
Analyze
Refactor
Add to Favorites
Browse Type Hierarchy                 Ctrl+H
Reformat Code                         Ctrl+Alt+L
Optimize Imports                      Ctrl+Alt+O
Delete...                             Delete
Build Module 'HadoopClient'
Recompile 'JavaNetUrlAccess.java'     Ctrl+Shift+F9
Run 'JavaNetUrlAccess.main()'         Ctrl+Shift+F10
Debug 'JavaNetUrlAccess.main()'
Run 'JavaNetUrlAccess.main()' with Coverage
```

图 2-3-25　debug 代码

```
Debug: JavaNetUrlAccess
Debugger  Console

start printing test.txt!

Ever since you were small, people have been letting you down.
Everytime you reach out for something you care about, fate comes along and snatches it away.
But... Annie, not this time, not this time!


done!


Disconnected from the target VM, address: '127.0.0.1:38802', transport: 'socket'
```

图 2-3-26　输出结果

任务考评

【创建项目】考评记录

姓名		完成日期	
序号	考核内容	标准分	评分
01	创建文件并上传到 HDFS	10	
02	使用 IntelliJ IDEA 创建 HadoopClient 项目	20	
03	编写访问类 HadoopClient.java	30	
04	使用 java.net.URL 访问 HDFS	20	
05	从 HDFS 获取文件，并打印	20	
总评分		100	

任务实现心得：

任务实训	熟悉并掌握IDEA的安装与使用： 打开IDEA创建一个新的Java Project，测试HadoopClient连接服务器
任务目标	能够独立开发Java访问HDFS的程序
任务总结	

任务 4 Java 操作 HDFS 目录和文件

任务描述

情境描述	小黄已经完成了通过Java访问HDFS文件系统的功能，他将要回到自己的项目组，于是公司又聘请了一位经验丰富的技术员小王，让他来完成后续的功能。经过小王的分析，决定优化程序，让其提供一个API可以使用Java程序去操作HDFS目录和文件。相比让所有同事都直接使用HDFS命令，使用Java的API的效率更高，更安全，维护起来更加便捷
任务分解	分析上面的工作情境，将任务分解如下： （1）编写工具类：创建通过Java操作HDFS的工具类HdfsUtils.java。 （2）编写测试类：测试操作HDFS文件目录的相关方法。 （3）上传文件：使用Java测试类操作文件，上传文件至HDFS
任务准备	HDFS的访问地址

任务目标

知识目标	掌握Java连接HDFS的方法。 掌握Java程序操作文件的方法
技能目标	本任务中需要掌握以下技能： （1）能够熟练掌握通过Java程序封装操作HDFS常见指令API接口的方法。 （2）能够掌握编写访问及操作HDFS文件的工具类的方法
素质目标	求知与力行：在操作文件的过程中，充分利用互联网查询与学习，自行解决诸如IO错误等操作文件的过程化问题，做到勤奋求知、身体力行

任务实现

安装完成的Hadoop集群；自行修改主机名和主机IP映射，自行启动Hadoop；如果OpenJDK有更新的情况，需要自行修改~/.bashrc 文件中的OpenJDK的版本。

步骤1： 新建Java Class文件

在Linux实训系统界面上打开IDEA开发工具，并在本单元任务创建的HadoopClient项目src.main.java.HDFS目录下新建一个名为HdfsUtils的Java Class文件。具体步骤参考任务3中的步骤1和步骤2。

然后将代码添加到代码编辑框，对代码中的IP进行修改，改为实际虚拟机的IP且端口不变。

HdfsUtils的Java 代码如下：

```
public class HdfsUtils {
    private static FileSystem fs = null;
```

```
    //change it to yourself ip
    private static String uri = "hdfs://192.168.29.128:9000";

    static {
        Configuration conf = new Configuration();
        String usr = "root";
        try {
            fs = FileSystem.get(URI.create(uri), conf, usr);
        } catch (IOException e) {
        e.printStackTrace();
        } catch (InterruptedException e) {
        e.printStackTrace();
        }
    }

    public static boolean mkdir(String completeDir) throws Exception {
        if (isBlank(completeDir)) {
            return false;
        }
        if (!fs.exists(new Path(completeDir))) {
            return fs.mkdirs(new Path(completeDir));
        }

        return false;
    }

    public static boolean deleteDir(String completeDir) throws Exception {
        if (isBlank(completeDir)) {
            return false;
        }
        if (fs.exists(new Path(completeDir))) {
            return fs.delete(new Path(completeDir), true);
        }

        return false;
    }

    public static boolean rename(String oldPath, String newPath) throws
Exception {
        if (isBlank(oldPath) || isBlank(newPath)) {
            return false;
        }
        return fs.rename(new Path(oldPath), new Path(newPath));
    }
```

```
    public static List<String>listAll(String completeDir) throws Exception {
        if (isBlank(completeDir)) {
            return new ArrayList<String>();
        }
        FileStatus[] stats = fs.listStatus(new Path(completeDir));
        List<String> names = new ArrayList<String>();
        for (int i = 0; i <stats.length; ++i) {
            if (stats[i].isFile()) {
                // regular file
                names.add(stats[i].getPath().toString());
            } else if (stats[i].isDirectory()) {
                // dir
                names.add(stats[i].getPath().toString());
                // recursively get children dir
                names.addAll(listAll(stats[i].getPath().toString()));
            } else if (stats[i].isSymlink()) {
                // is s symlink in linux
                names.add(stats[i].getPath().toString());
            }
        }
        return names;
    }


    public static boolean uploadLocalFile2HDFS(String localFilePath,
String hdfsDirPath) throws Exception {
        if (isBlank(localFilePath) || isBlank(hdfsDirPath)) {
            return false;
        }
        Path src = new Path(localFilePath);
        Path dst = new Path(hdfsDirPath);
        fs.copyFromLocalFile(src, dst);
        return true;
    }

    public static boolean downloadHDFS2LocalFile(String hdfsFilePath,
String localDirPath) throws Exception {
        if (isBlank(hdfsFilePath) || isBlank(localDirPath)) {
            return false;
        }
        Path src = new Path(hdfsFilePath);
        Path dst = new Path(localDirPath);
        fs.copyToLocalFile(src, dst);
        return true;
    }
```

```
        public static boolean createNewHDFSFile(String newFile, String content)
throws Exception {
            if (isBlank(newFile) || isBlank(content)) {
                return false;
            }
            FSDataOutputStream os = fs.create(new Path(newFile));
            os.write(content.getBytes("UTF-8"));
            if (os != null) {
            os.close();
            }

            return true;
        }


        public static boolean deleteHDFSFile(String hdfsFile) throws Exception {
            if (isBlank(hdfsFile)) {
                return false;
            }
            Path path = new Path(hdfsFile);
            return fs.delete(path, true);
        }


        public static byte[] readHDFSFile(String hdfsFile) throws Exception {
            if (isBlank(hdfsFile)) {
                return null;
            }
            // check if the file exists
            Path path = new Path(hdfsFile);
            if (fs.exists(path)) {
                FSDataInputStream is = fs.open(path);
                // get the file info to create the buffer
                FileStatus stat = fs.getFileStatus(path);
                // create the buffer
                byte[] buffer = new byte[Integer.parseInt(String.valueOf
                                (stat.getLen()))];
                is.readFully(0, buffer);
                is.close();
                return buffer;
            } else {
              throw new Exception("the file is not found .");
            }
        }


        public static boolean append(String hdfsFile, String content) throws
Exception {
```

```
            if (isBlank(hdfsFile) || isBlank(content)) {
                return false;
            }
            Configuration conf = new Configuration();
            // solve the problem when appending at single datanode hadoop env
            conf.set("dfs.client.block.write.replace-datanode-on-failure.policy",
"NEVER");
            conf.set("dfs.client.block.write.replace-datanode-on-failure.enable",
"true");
            FileSystem fs = FileSystem.get(URI.create(hdfsFile), conf, "root");
            // check if the file exists
            Path path = new Path(hdfsFile);
            if (fs.exists(path)) {
                try {
                    InputStream in = new ByteArrayInputStream(content.getBytes());
                    OutputStream out = fs.append(new Path(hdfsFile));
                    IOUtils.copyBytes(in, out, 4096, true);
                    out.close();
                    in.close();
                    fs.close();
                } catch (Exception e) {
                    fs.close();
                    throw e;
                }
            } else {
                HdfsUtils.createNewHDFSFile(hdfsFile, content);
            }
            return true;
        }

        public static boolean isBlank(String str) {
            boolean result = false;
            if (str == null || "".equals(str.trim())) {
                result = true;
            }
            return result;
        }
        public static String getCompleteDirOfHDFS(String dir) {
            if (isBlank(dir)) {
                return dir + Path.SEPARATOR;
            }
            return uri + dir;
        }
    }
```

添加代码之后，按照任务3的方式导入相关依赖包，需要的依赖包如图2-4-1所示。

```
import org.apache.hadoop.conf.Configuration;
import org.apache.hadoop.fs.*;
import org.apache.hadoop.io.IOUtils;
import java.io.ByteArrayInputStream;
import java.io.IOException;
import java.io.InputStream;
import java.io.OutputStream;
import java.net.URI;
import java.util.ArrayList;
import java.util.List;
```

图 2-4-1　导入的包

步骤2： Java操作HDFS文件目录

在HadoopClient项目src.main.java.HDFS目录下，新建一个名为HdfsDirTest的Java Class文件，用于测试操作HDFS文件目录的相关方法，然后将代码添加到代码编辑框。

HdfsDirTest的Java代码如下：

```
public class HdfsDirTest {
    public static void main(String[] args) {
        try {
            List<String> dirs = HdfsUtils.listAll(HdfsUtils.getCompleteDirOfHDFS
("/"));
            for (String dir : dirs) {
                System.err.println(dir);
            }
            System.err.println("\n");
            HdfsUtils.mkdir(HdfsUtils.getCompleteDirOfHDFS("/hdfs/test"));
            dirs = HdfsUtils.listAll(HdfsUtils.getCompleteDirOfHDFS("/"));
            for (String dir : dirs) {
                System.err.println(dir);
            }
            System.err.println("\n");
            HdfsUtils.rename(HdfsUtils.getCompleteDirOfHDFS("/hdfs"),
HdfsUtils.getCompleteDirOfHDFS("/hdfs1"));
            dirs = HdfsUtils.listAll(HdfsUtils.getCompleteDirOfHDFS("/"));
            for (String dir : dirs) {
                System.err.println(dir);
            }
            System.err.println("\n");
            HdfsUtils.deleteDir(HdfsUtils.getCompleteDirOfHDFS("/hdfs1"));
            dirs = HdfsUtils.listAll(HdfsUtils.getCompleteDirOfHDFS("/"));
            for (String dir : dirs) {
                System.err.println(dir);
            }
        } catch (Exception e) {
            e.printStackTrace();
        }
    }

}
```

添加代码之后，导入相关依赖包，需要的依赖包如图2-4-2 所示。

```
import java.util.List;
```

图 2-4-2　导入的包

代码完成之后，开始运行代码。将光标移至HdfsDirTest类上选中并右击，选择“Debug 'JavaNetUrlAccess.main()'”命令来执行debug main()方法，操作如图2-4-3所示。

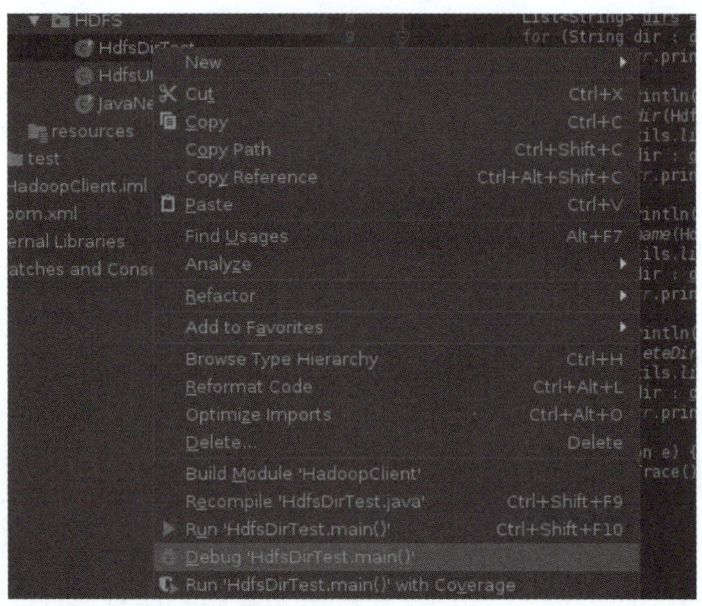

图 2-4-3　Debug 代码

运行结果如图2-4-4所示。

```
Debug:  HdfsDirTest
Debugger  Console
/usr/lib/jvm/java-1.8.0-openjdk/bin/java ...
Connected to the target VM, address: '127.0.0.1:38920', transport: 'socket'
log4j:WARN No appenders could be found for logger (org.apache.hadoop.metrics2.lib.MutableMetricsFactory).
log4j:WARN Please initialize the log4j system properly.
log4j:WARN See http://logging.apache.org/log4j/1.2/faq.html#noconfig for more info.
hdfs://10.26.0.38:9000/test.txt

hdfs://10.26.0.38:9000/hdfs
hdfs://10.26.0.38:9000/hdfs/test
hdfs://10.26.0.38:9000/test.txt

hdfs://10.26.0.38:9000/hdfs1
hdfs://10.26.0.38:9000/hdfs1/test
hdfs://10.26.0.38:9000/test.txt

hdfs://10.26.0.38:9000/test.txt
Disconnected from the target VM, address: '127.0.0.1:38920', transport: 'socket'

Process finished with exit code 0
```

图 2-4-4　运行结果

步骤3： Java操作HDFS文件

在HadoopClient 项目src.main.java.HDFS目录下，新建一个名为HdfsFileTest的Java Class文件，用于测试操作HDFS文件的相关方法。进入Linux操作界面进行命令操作，切换到/usr/local目录下，创建一个名为despacito.lyric的测试文件，用于测试使用Java上传文件至HDFS。

操作示例代码如下：

```
cd /usr/local
touch despacito.lyric
```

创建完成后使用ls命令查看是否创建成功，结果如图2-4-5所示。

```
[root@xiandian /usr/local]# touch despacito.lyric
[root@xiandian /usr/local]# ls
bin             etc    hadoop   lib    libexec  share  test.txt
despacito.lyric games  include  lib64  sbin     src
[root@xiandian /usr/local]#
```

图 2-4-5 创建测试文件

HdfsFileTest的Java代码如下：

```
public class HdfsFileTest {
public static void main(String[] args) {
//change the path to your hadoop install path
System.setProperty("hadoop.home.dir","/usr/local/hadoop" );
        try {
            List<String> dirs = HdfsUtils.listAll(HdfsUtils.
            getCompleteDirOfHDFS("/"));
            HdfsUtils.createNewHDFSFile(HdfsUtils.getCompleteDirOfHDFS
("/newFile.txt"), "There is never too old to learn!");
            for (String dir : dirs) {
                System.err.println(dir);
            }
            System.err.println("\n");
            HdfsUtils.downloadHDFS2LocalFile(HdfsUtils.getCompleteDirOfHDFS
("/newFile.txt"), "/usr/local");
            dirs = HdfsUtils.listAll(HdfsUtils.getCompleteDirOfHDFS("/"));
            for (String dir : dirs) {
                System.err.println(dir);
            }
            System.err.println("\n");
            HdfsUtils.uploadLocalFile2HDFS("/usr/local/despacito.lyric",
HdfsUtils.getCompleteDirOfHDFS("/"));
            dirs = HdfsUtils.listAll(HdfsUtils.getCompleteDirOfHDFS("/"));
            for (String dir : dirs) {
                System.err.println(dir);
```

```
                }
                System.err.println("\n");
                HdfsUtils.deleteHDFSFile(HdfsUtils.getCompleteDirOfHDFS
("/newFile.txt"));
                dirs = HdfsUtils.listAll(HdfsUtils.getCompleteDirOfHDFS("/"));
                for (String dir : dirs) {
                    System.err.println(dir);
                }
                System.err.println("\n");
    HdfsUtils.append(HdfsUtils.getCompleteDirOfHDFS("/test.txt"), "\nedit
by Murphy!");
                dirs = HdfsUtils.listAll(HdfsUtils.getCompleteDirOfHDFS("/"));
                for (String dir : dirs) {
                    System.err.println(dir);
                }
                System.err.println("\n");
                HdfsUtils.rename(HdfsUtils.getCompleteDirOfHDFS("/test.
txt"), HdfsUtils.getCompleteDirOfHDFS("/script.txt"));
                dirs = HdfsUtils.listAll(HdfsUtils.getCompleteDirOfHDFS("/"));
                for (String dir : dirs) {
                    System.err.println(dir);
                }
                System.err.println("\n");
    byte[] bytes = HdfsUtils.readHDFSFile(HdfsUtils.getCompleteDirOfHDFS
("/script.txt"));
                String script = new String(bytes);
                System.err.println(script);
            } catch (Exception e) {
                e.printStackTrace();
            }
        }

    }
```

添加代码之后，导入相关依赖包，需要的依赖包如图2-4-6所示。

```
import java.util.List;
```

图 2-4-6　导入的包

代码完成之后，开始运行代码，将光标移至HdfsFileTest类上选中并右击，选择“Debug 'HdfsFileTest.main()'”命令来执行debug main()方法，操作如图2-4-7所示。

运行结果如图2-4-8所示。

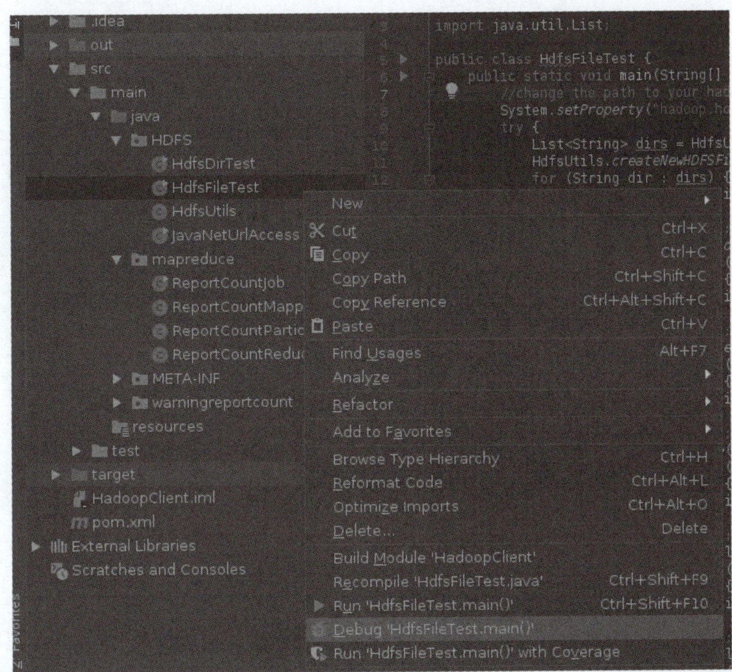

图 2-4-7 Debug 代码

```
/usr/lib/jvm/java-1.8.0-openjdk/bin/java ...
Connected to the target VM, address: '127.0.0.1:33448', transport: 'socket'
log4j:WARN No appenders could be found for logger (org.apache.hadoop.metrics2.lib.MutableMetricsFactory).
log4j:WARN Please initialize the log4j system properly.
log4j:WARN See http://logging.apache.org/log4j/1.2/faq.html#noconfig for more info.
hdfs://10.26.0.38:9000/newFile.txt
hdfs://10.26.0.38:9000/test.txt


hdfs://10.26.0.38:9000/newFile.txt
hdfs://10.26.0.38:9000/test.txt


hdfs://10.26.0.38:9000/despacito.lyric
hdfs://10.26.0.38:9000/newFile.txt
hdfs://10.26.0.38:9000/test.txt


hdfs://10.26.0.38:9000/despacito.lyric
hdfs://10.26.0.38:9000/test.txt


hdfs://10.26.0.38:9000/despacito.lyric
hdfs://10.26.0.38:9000/test.txt


hdfs://10.26.0.38:9000/despacito.lyric
hdfs://10.26.0.38:9000/script.txt


Ever since you were small, people have been letting you down.
Everytime you reach out for something you care about, fate comes along and snatches it away.
But... Annie, not this time, not this time!


edit by Murphy!
Disconnected from the target VM, address: '127.0.0.1:33448', transport: 'socket'

Process finished with exit code 0
```

图 2-4-8 运行结果

由于该任务代码较多，并且涉及虚拟机IP地址、桌面系统盘文件路径，需要根据自己的实际路径和IP地址在相应位置进行修改。

任务考评

【创建项目】考评记录

姓名		完成日期	
序号	考核内容	标准分	评分
01	在 Linux 操作系统内启动 IDE 并创建一个 Java 工程	10	
02	编写工具类	20	
03	编写测试类	30	
05	创建 despacito.lyric 的测试文件	20	
06	测试使用 Java 上传文件至 HDFS	20	
总评分		100	

任务实现心得：

任务实训

任务实训	熟悉并掌握Java程序操作HDFS目录和文件的方法： 在IDEA开发环境上新建一个Java项目，实现操作HDFS目录和文件的程序
任务目标	能够独立开发操作HDFS文件的程序
任务总结	

学习笔记

单元 3 MapReduce 实现

通过本单元的学习，使学生主要掌握 MapReduce 分布式计算的知识，培养学生利用集群进行分布式计算的能力。

知识目标

了解 MapReduce 分布式计算的原理。

视频

使用Hadoop MR 对数据进行清洗

技能目标

掌握 MapReduce 分布式计算的基本流程，掌握部署 Mapper 程序和部署 Reducer 程序的方法。

任务1 MapReduce Mapper类实现

任务描述

情境描述	项目经理张亮和小王经过讨论，决定将公司过去十年的交通历史日志信息进行大数据分析，以此提高导航软件的路径规划能力。 小王整理出了1 000万个日志文件，如果让一台计算机去处理的话，可能会耗费数天时间，于是项目经理张亮决定部署MapReduce程序到集群上，这1 000万个文件可以分成100个子任务，最后汇总计算的结果。张亮决定把这个订单任务交给已经完成Java操作HDFS程序的新员工小王负责。 小王通过对这个任务分析后，决定分成两步完成： （1）部署Mapper程序。 （2）部署Reducer程序。 技术部门的同志配合小王开始工作了，首先需要完成Mapper类的编写
任务分解	分析上面的工作情境，将任务分解如下： （1）文档分析：分析需要处理的文本文件。 （2）新建实体类：在新建好的项目中创建实体类。 （3）实现Mapper类：实现父类Mapper类，重写map()方法，实现功能映射
任务准备	（1）MapReduce是一种编程模型，用于大规模数据集（大于1TB）的并行运算。概念"Map（映射）"和"Reduce（归约）"是它们的主要思想，都是从函数式编程语言里借鉴来的，还有从矢量编程语言里借鉴来的特性。它极大地方便了编程人员在不会分布式并行编程的情况下，将程序运行在分布式系统上。当前的软件实现是指定一个Map（映射）函数，用来把一组键值对映射成一组新的键值对，指定并发的Reduce（归约）函数，用来保证所有映射的键值对中的每一个共享相同的键组。 （2）Mapper类 class Context：存放作业运行的上下文信息。 setup()：map前的准备工作。 map()：键值对的处理工作。 cleanup()：收尾工作，如执行map后的键值对分发、关闭文件等。 run()：提供setup()->map()->cleanup()的执行流程

任务目标

知识目标	掌握Map映射的基本流程。 掌握Mapper类的实现方式
技能目标	本任务中需要掌握以下技能： （1）能够通过软件实现一个Map映射函数。 （2）学会Mapper类的实现方法
素质目标	观察与细致：在处理大量数据的过程中，通过解决诸如Map（映射）错误等问题，学会观察错误的成因，细致的分离与解决问题

任务实现

安装完成的Hadoop集群；自行修改主机名和主机IP映射，并自行启动Hadoop集群；如果OpenJDK有更新的情况，需要自行修改~/.bashrc文件中的OpenJDK的版本。

步骤1: 分析需要处理的文本文件

进入实训环境Linux系统的命令行中，在/usr/local目录下创建一个warning_data.txt的文件，示例代码如下：

```
vi /usr/local/warning_data.txt
```

按【i】键进入编辑模式，输入下面的数据，可以输入多条来模拟故障数据，如图3-1-1所示。

```
14588   LA9HIGECXH1HGC001       2018-04-12 15:45:56     2018-04-26 16:34:36
12743   other   0       6       3       0       1
14588   LA9HIGECXH1HGC001       2018-04-12 15:45:56     2018-04-26 16:34:36
12743   other   0       6       3       0       2
```

图 3-1-1　编辑模拟数据

编辑结束后，按【Esc】键进入末行模式，输入:wq命令，然后按【Enter】键，保存代码并退出。

此处重点分析一下故障信息txt文本的含义，以便于实现Mapper类的内部逻辑。故障信息txt文本中每一行都是如下结构：

```
    14588    LA9HIGECXH1HGC001    2018-04-12 15:45:56    2018-04-26 16:34:36
12743    other    0    6    3    0    1
```

说明：第一个字段14588是故障信息的id；第二个字段LA9HIGECXH1HGC001是车载终端编号；第三个字段和第四个字段分别是故障开始的时间和故障结束的时间；第五个字段是单个故障上报的次数；第六个字段是故障的类型，other表示其他故障。所有的字段都是用制表符(\t)隔开的，所以解析文档的时候，会使用制表符来分离字段。

业务需求是每辆车、每种故障的上报次数总数，所以只需要用到第二个、第五个和第六个字段。

步骤2: 新建ReportCount实体类

> **注意:**
> 先在 Linux 实训系统界面上打开 IDEA 开发工具，将 HadoopClient 项目创建完成后再导入包，具体实验步骤见单元 2 任务 3，然后进行以下步骤。

在HadoopClient项目的src.main.java.目录下新建一个名为mapreduce和一个名为warningreportcount的包。完成后在warningreportcount包里创建一个名为ReportCount的实体类。

ReportCount的Java代码如下：

```
public class ReportCount implements Writable {
    private String error;
    private int count;

    public ReportCount() {};

    public ReportCount(String error, int count) {
        super();
        this.error = error;
        this.count = count;
    }

    public void setError(String error) {
        this.error = error;
    }

    public String getError() {
        return this.error;
    }

    public void setCount(int count) {
        this.count = count;
    }

    public int getCount() {
        return this.count;
    }

    // 序列化
    public void write(DataOutput dataOutput) throws IOException {
        dataOutput.writeUTF(error);
        dataOutput.writeInt(count);
    }

    // 反序列化

    public void readFields(DataInput dataInput) throws IOException {
        error = dataInput.readUTF();
        count = dataInput.readInt();
    }

    @Override
    public String toString() {
        return error + "\t" + count;
    }
}
```

复制代码之后，导入相关依赖包，需要的依赖包如图3-1-2所示。

```
import org.apache.hadoop.io.Writable;

import java.io.DataInput;
import java.io.DataOutput;
import java.io.IOException;
```

图 3-1-2 导入的包 1

步骤3： 实现Mapper类

在HadoopClient项目的src.main.java. mapreduce的包里面新建一个名为ReportCountMapper的类。

ReportCountMapper的Java代码如下：

```
    public class ReportCountMapper extends Mapper<LongWritable, Text, Text, 
ReportCount> {
        private Text k = new Text();
        private ReportCount reportCount = new ReportCount();

        @Override
        protected void map(LongWritable key, Text value, Context context) 
throws IOException, InterruptedException {
            String line = value.toString();
            String[] fields = line.split("\t");
            String szVIN = fields[1];
            String error = fields[5];
            int count = Integer.valueOf(fields[4]);
            k.set(szVIN + "-" + error);
            reportCount.setCount(count);
            reportCount.setError(error);

            context.write(k, reportCount);
        }
    }
```

添加代码之后，导入相关依赖包，需要的依赖包如图3-1-3所示。

```
import org.apache.hadoop.io.LongWritable;
import org.apache.hadoop.io.Text;
import org.apache.hadoop.mapreduce.Mapper;
import warningreportcount.ReportCount;

import java.io.IOException;
```

图 3-1-3 导入的包 2

任务考评

【创建项目】考评记录

姓名		完成日期	
序号	考核内容	标准分	评分
01	文档分析：分析需要处理的文本文件	20	
02	新建实体类：在新建好的项目中创建实体类	40	
03	实现 Mapper 类	40	
总评分		100	

任务实现心得：

任务实训	熟悉并掌握映射方法的使用
任务目标	能够独立进行任务分解和Map（映射）的方法
任务总结	

任务2 MapReduce Reducer类实现

任务描述

情境描述	上一次，小王将1 000万个文件进行分布式处理，这个程序分为Mapper部分和Reducer部分，经过团队一天的努力已经完成，接下来需要编写Reducer部分，主要是将Mapper处理后的结果进行汇总，这个程序未来会部署到集群上执行
任务分解	分析上面的工作情景，将任务分解如下： （1）实现自定义分区 （2）实现Reducer类
任务准备	Reducer模板类 class Context：存放作业运行的上下文信息，如作业配置信息等。 setup()：reduce前的准备工作。 reduce()：键值对的处理。 cleanup()：收尾工作，例如执行reduce()后的键值对分发、关闭文件等。 run()：提供setup()->reduce()->cleanup()的执行流程

任务目标

知识目标	掌握Reduce的工作流程。 掌握Reducer类的实现方式
技能目标	本任务中我们需要掌握以下技能： （1）学会实现自定义分区的方法。 （2）能够掌握Reducer类的实现方式
素质目标	技能与专业：在编写Reducer类的过程中，使用专业技能解决诸如io错误等问题，用理论带动实践

任务实现

安装完成的Hadoop集群；自行修改主机名和主机IP映射，并自行启动Hadoop集群；如果OpenJDK有更新的情况，需要自行修改~/.bashrc 文件中的OpenJDK的版本。

步骤1： 实现自定义分区

注意：

先在 Linux 实训系统界面上打开 IDEA 开发工具，将 HadoopClient 项目创建完成后并导入包，具体实验步骤见单元 2 任务 3，然后进行以下步骤。

在HadoopClient项目的src.main.java.mapreduce的包中新建一个名为ReportCountPartioner的类。

ReportCountPartioner的Java代码如下：

```
    public class ReportCountPartioner extends Partitioner<Text, ReportCount> {
        public int getPartition(Text text, ReportCount reportCount, int i) {
            String key = text.toString();
            String szVIN = key.split("-")[0];
            if (szVIN.contains("LA9HIGECXH1HGC00")) {
                return Integer.valueOf(szVIN.substring(szVIN.length() - 1,
szVIN.length()));
            } else {
                return 0;
            }
        }
    }
```

添加代码之后，导入相关依赖包，需要的依赖包如图3-2-1所示。

```
import org.apache.hadoop.io.Text;
import org.apache.hadoop.mapreduce.Partitioner;
import warningreportcount.ReportCount;
```

图 3-2-1 导入的包 3

步骤2: 实现Reducer类

在HadoopClient项目的src.main.java.mapreduce的包中新建一个名为ReportCountReducer的类。

ReportCountReducer的Java代码如下：

```
    public class ReportCountReducer extends Reducer<Text, ReportCount, Text,
ReportCount> {
        private ReportCount reportCount = new ReportCount();

        protected void reduce(Text key, Iterable<ReportCount> values,Context
context) throws IOException, InterruptedException {
            Iterator<ReportCount> iterator = values.iterator();
            while (iterator.hasNext()) {
                reportCount.setCount(reportCount.getCount() + iterator.next().
getCount());
            }
            String error = key.toString().split("-")[1];
            reportCount.setError(error);
            try {
                context.write(key, reportCount);
            } catch (IOException e) {
                e.printStackTrace();
            }
        }
    }
```

添加代码之后，导入相关依赖包，需要的依赖包如图3-2-2所示。

```
import org.apache.hadoop.io.Text;
import org.apache.hadoop.mapreduce.Reducer;
import warningreportcount.ReportCount;

import java.io.IOException;
import java.util.Iterator;
```

图 3-2-2 导入的包 4

任务考评

【创建项目】考评记录

姓名		完成日期	
序号	考核内容	标准分	评分
01	实现自定义分区	40	
02	实现 Reducer 类	60	
总评分		100	

任务实现心得：

任务实训

任务实训	熟悉并掌握Reduce方法的使用 数据及字段说明： 课程名称,姓名,每次考试的分数。每个学生在某门课程中的考试次数不固定。 语文,huangming,85,86,41,75,93,42,85 语文,xuzhen,54,52,86,91,42 语文,hubo,85,42,96,38 英语,zhaoshan,54,52,86,91,42,85,75 英语,liufei,85,41,75,21,85,96,14 数学,liufei,75,85,62,48,54,96,15 语文,huangjia,85,75,86,85,85 英语,liufei,76,95,86,74,68,74,48 英语,huangda,48,58,67,86,15,33,85 数学,hualei,76,95,86,74,68,74,48 数学,huangjia,85,75,86,85,85,74,86 语文,huangda,48,58,67,86,15,33,85 英语,zouqi,85,86,41,75,93,42,85,75,55,47,22 英语,hubo,85,42,96,38,55,47,22 数学,litao,85,75,85,99,66 语文,huatao,85,86,41,75,93,42,85 信息技术,wangqiang,85,86,41,75,93,42,85 语文,liling,85,41,75,21,85,96,14,74,86 语文,liufei,75,85,62,48,54,96,15 语文,litao,85,75,85,99,66,88,75,91 语文,hualei,76,95,86,74,68,74,48 英语,liling,75,85,62,48,54,96,15 信息技术,hualei,76,95,86,74,68,74,48 信息技术,huangjia,85,75,86,85,85,74,86 信息技术,litao,48,58,67,86,15,33,85 英语,hualei,85,75,85,99,66,88,75,91 信息技术,xuzhen,54,52,86,91,42,85,75 信息术,huangming,85,75,85,99,66,88,75,91 信息技术,liling,85,86,41,75,93,42,85,75 英语,huangming,85,86,41,75,93,42,85 数学,huangda,48,58,67,86,15,33,85 数学,huatao,85,86,41,75,93,42,85,75 实训题目：使用MapReduce统计每门课程的参考人数和课程平均分
任务目标	能够独立进行任务结果汇总的Reducer方法
任务总结	

任务3 MapReduce提交和打包

任务描述

情境描述	刚进公司不久的小王，凭借原有的工作经验，并经过两天的工作，圆满完成mapper程序和reducer程序的编写，接下来需要将写好的MapReduce项目打包成jar包，然后部署到集群上执行，只要这次能帮助公司度过难关，小王将会在公司的名声大噪，升职加薪指日可待。 因此，小王和技术团队加班加点准备今晚就开始处理1 000万个文件
任务分解	分析上面的工作情境，将任务分解如下： （1）MapReduce Job提交客户端实现。 （2）HadoopClient项目打jar包。 （3）运行HadoopClient.jar包。 （4）查看MapReduce程序运行结果
任务准备	（1）完成maven对一个项目进行打jar包的测试，验证其可行性，为部署集群执行MapReduce Job做准备。 （2）检查集群的配置是否正确

任务目标

知识目标	掌握项目基本流程。 掌握Java打jar包的基础知识
技能目标	本任务中需要掌握以下技能： （1）学会MapReduce Job提交客户端实现方法。 （2）学会将项目打包成jar包，部署到集群完成MapReduce任务的方法
素质目标	精益求精：在集群部署MapReduce Job时，通过解决诸如Job启动失败等问题，对集群部署的各个环节精益求精

任务实现

接下来实现MapReduce任务提交和打包。

步骤1： MapReduce Job提交客户端实现

注意：

打开 IDEA 开发工具，将 HadoopClient 项目创建完成后并导入包，具体步骤见单元 2 任务 3 然后进行以下步骤。

在HadoopClient项目src.main.java.mapreduce的包中新建一个名为ReportCountJob的类。

ReportCountJob的Java代码如下：

```
public class ReportCountJob {
    public static void main(String[] args) {
        Configuration conf = new Configuration();

        conf.set("mapreduce.framework.name", "yarn");
        conf.set("yarn.resourcemanager.hostname", "Master");
        conf.set("mapreduce.job.jar", "HadoopClient.jar");

        try {
            Job job = Job.getInstance(conf, "ReportCount");
            job.setJarByClass(ReportCountJob.class);
            job.setMapperClass(ReportCountMapper.class);
            job.setPartitionerClass(ReportCountPartioner.class);
            job.setReducerClass(ReportCountReducer.class);
            job.setOutputKeyClass(Text.class);
            job.setOutputValueClass(ReportCount.class);
            job.setNumReduceTasks(10);
            FileInputFormat.addInputPath(job, new Path("/test"));
            FileOutputFormat.setOutputPath(job, new Path("/testResult"));
            System.exit(job.waitForCompletion(true) ? 0 : 1);
        } catch (Exception e) {
            e.printStackTrace();
        }
    }

}
```

添加代码之后，导入相关依赖包，需要的依赖包如图3-3-1所示。

```
import org.apache.hadoop.conf.Configuration;
import org.apache.hadoop.fs.Path;
import org.apache.hadoop.io.Text;
import org.apache.hadoop.mapreduce.Job;
import org.apache.hadoop.mapreduce.lib.input.FileInputFormat;
import org.apache.hadoop.mapreduce.lib.output.FileOutputFormat;
import warningreportcount.ReportCount;
```

图 3-3-1 导入的包 5

步骤2: HadoopClient项目打jar包

用IntelliJ IDEA项目构建工具来打jar包。进入到IDEA中，使用【Ctrl+Alt+Shift+S】组合键来打开Project Structure窗口，如图3-3-2所示。

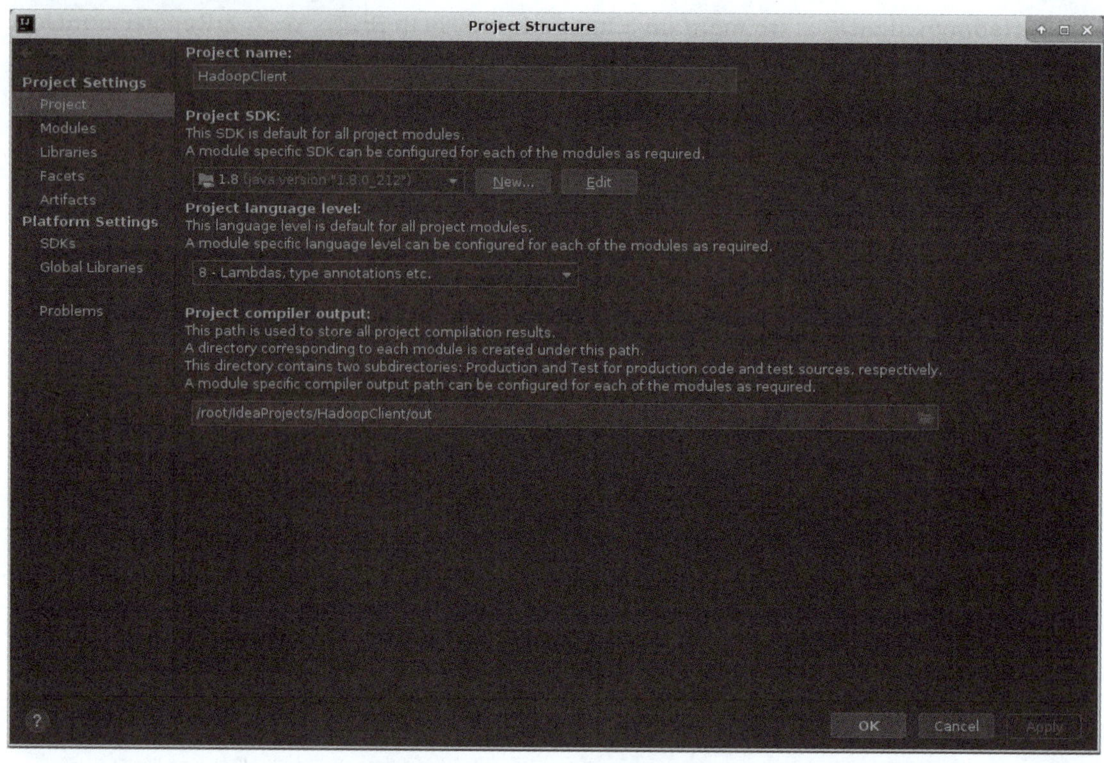

图 3-3-2　Project Structure 窗口 1

选中图3-3-2中Project Settings中的Artifacts，单击右边绿色加号“+”按钮，选中JAR菜单，再拖动光标至JAR菜单的子菜单From modules with dependencies…，如图3-3-3所示。

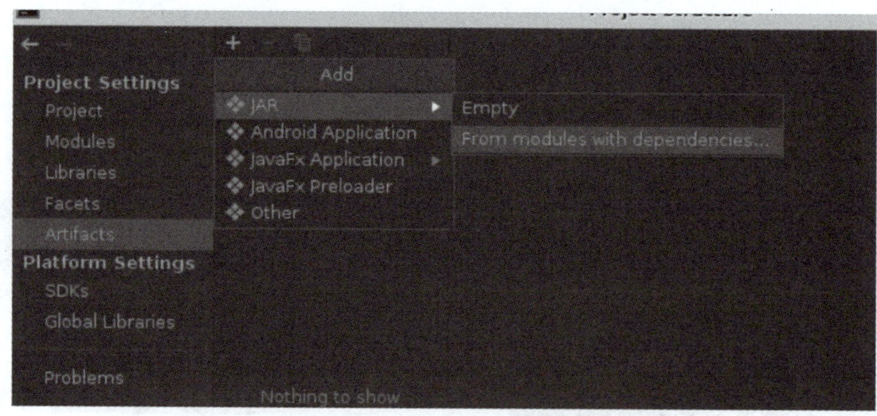

图 3-3-3　Project Structure 窗口 2

单击“From modules with dependencies…”选项，弹出“Create JAR form Modules”对话框，如图3-3-4所示。

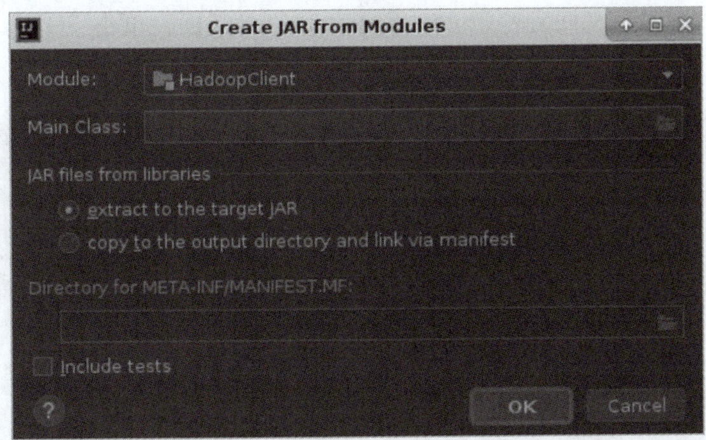

图 3-3-4　Project Structure 窗口 3

在Main Class中，单击输入框右边的文件夹的按钮，进入“Select Main Class”对话框，单击“Project”按钮，并选择编写的ReportCountJob，然后单击“OK”按钮，如图3-3-5 所示。

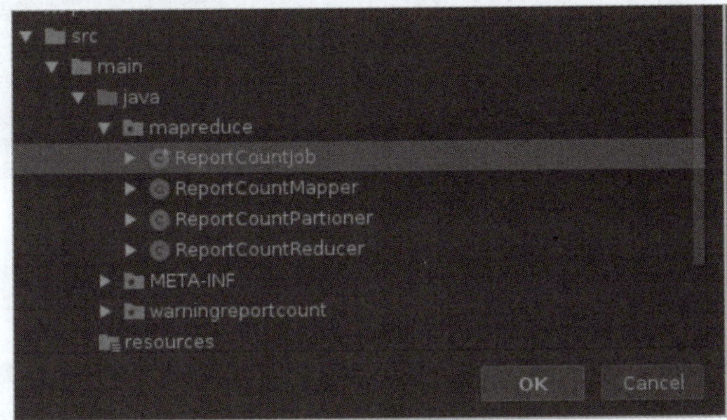

图 3-3-5　Select Main Class 窗口

选择后再将“Create JAR from Modules”对话框的Directory for META-INF/MANIFEST.MF的路径设置为HadoopClient项目的根路径，如图3-3-6所示。

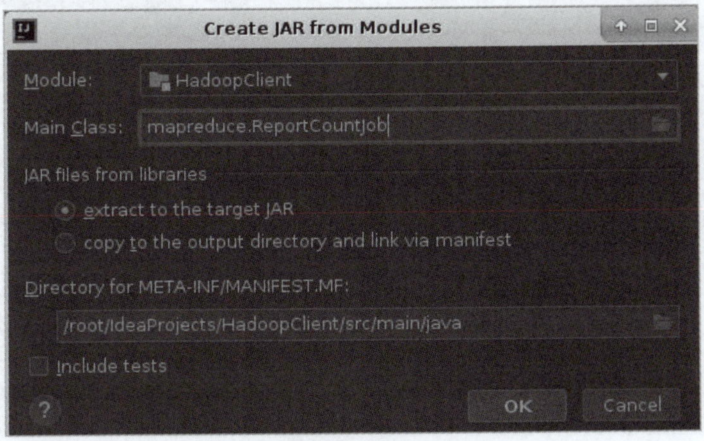

图 3-3-6　Create JAR from Modules 窗口

单击“OK”按钮，又回到“Project Structure”对话框，单击“OK”按钮完成设置，如图3-3-7所示。

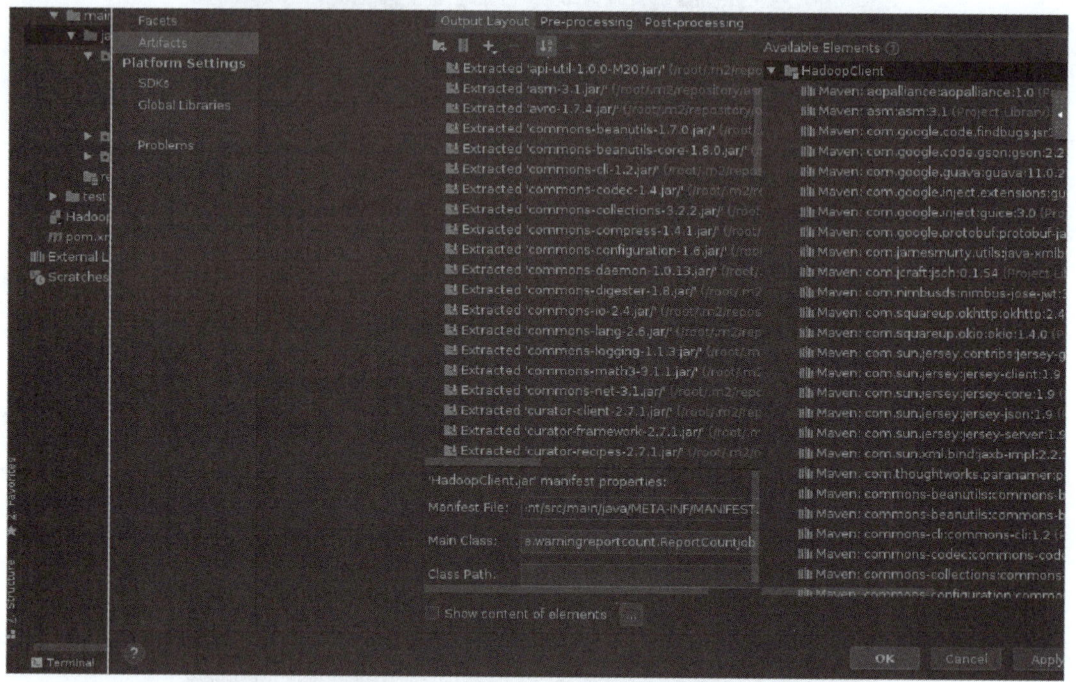

图 3-3-7 Project Structure 窗口 4

选择IDEA主菜单下面的“Build→Build Artifact→HadoopClient:jar→Build”命令，出现如图3-3-8所示的界面。

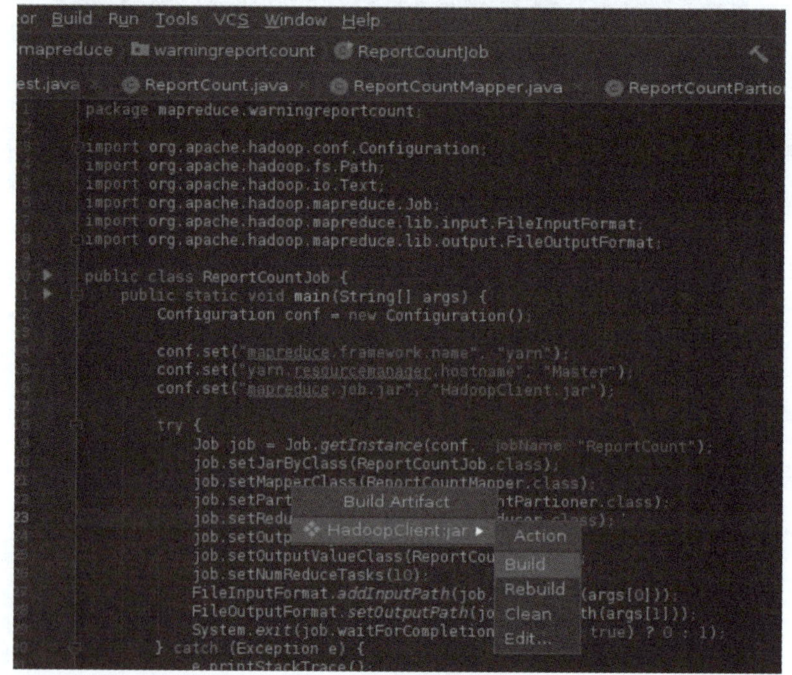

图 3-3-8 Build 项目

单击图3-3-8中所示的Action下面的Build命令，新建一个jar包，等待新建jar包程序执行完毕。在HadoopClient根目录下查找到一个名为out的子目录，构建的HadoopClient.jar文件就在out目录下，如图3-3-9所示。

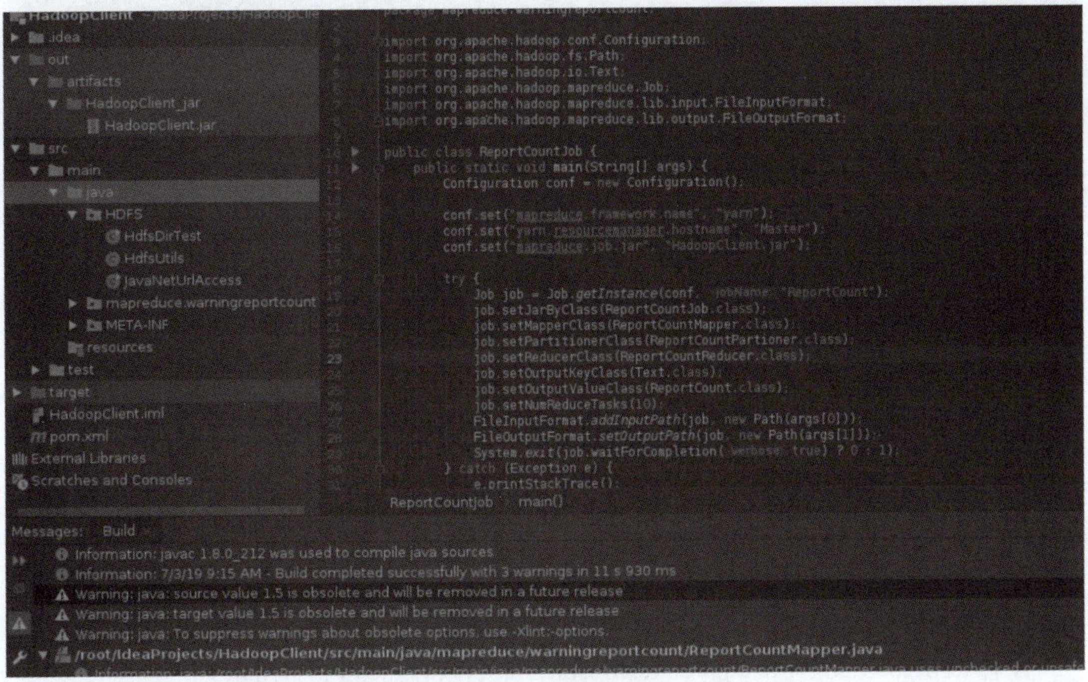

图 3-3-9 构建 jar 包

步骤3: 运行HadoopClient.jar包

登录到Linux操作界面的主节点上，进入命令行将测试数据的文本文件warning_data.txt上传至HDFS的/test目录下。执行如下命令：

```
hadoop fs -put /usr/local/warning_data.txt /test
```

进入到存放HadoopClient.jar包的目录。执行如下命令：

```
cd /root/IdeaProjects/HadoopClient/out/artifacts/HadoopClient_jar
```

运行HadoopClient.jar包，执行如下命令：

```
hadoop jar HadoopClient.jar mapreduce.ReportCountJob /test /testResult
```

提示：hadoop jar是Hadoop MapReduce程序特有的运行jar包的命令，HadoopClient.jar是指定jar包，/test是指定测试文本文件的目录，/testResult是指定MapReduce程序运行结果存储目录，但是要注意这两个目录都是指HDFS目录，并非Linux文件系统本地目录。

执行命令，打印出来的MapReduce程序的执行情况，如图3-3-10所示。

```
root@xiandian /root/IdeaProjects/hadoopclient/out/artifacts/hadoopclient_jar]# hadoop jar hadoopclient.jar  mapreduce.ReportC
untJob /test /testResult
9/07/05 09:23:03 INFO client.RMProxy: Connecting to ResourceManager at Master/10.26.0.30:8032
9/07/05 09:23:04 WARN mapreduce.JobResourceUploader: Hadoop command-line option parsing not performed. Implement the Tool int
rface and execute your application with ToolRunner to remedy this.
9/07/05 09:23:05 INFO input.FileInputFormat: Total input files to process : 1
9/07/05 09:23:05 INFO mapreduce.JobSubmitter: number of splits:1
9/07/05 09:23:06 INFO mapreduce.JobSubmitter: Submitting tokens for job: job_1562317479143_0001
9/07/05 09:23:07 INFO impl.YarnClientImpl: Submitted application application_1562317479143_0001
9/07/05 09:23:07 INFO mapreduce.Job: The url to track the job: http://Master:8088/proxy/application_1562317479143_0001/
9/07/05 09:23:07 INFO mapreduce.Job: Running job: job_1562317479143_0001
9/07/05 09:23:22 INFO mapreduce.Job: Job job_1562317479143_0001 running in uber mode : false
9/07/05 09:23:22 INFO mapreduce.Job:  map 0% reduce 0%
9/07/05 09:23:29 INFO mapreduce.Job:  map 100% reduce 0%
9/07/05 09:23:45 INFO mapreduce.Job:  map 100% reduce 10%
9/07/05 09:23:46 INFO mapreduce.Job:  map 100% reduce 20%
9/07/05 09:23:48 INFO mapreduce.Job:  map 100% reduce 30%
9/07/05 09:23:49 INFO mapreduce.Job:  map 100% reduce 40%
9/07/05 09:23:50 INFO mapreduce.Job:  map 100% reduce 90%
9/07/05 09:23:51 INFO mapreduce.Job:  map 100% reduce 100%
9/07/05 09:23:51 INFO mapreduce.Job: Job job_1562317479143_0001 completed successfully
9/07/05 09:23:51 INFO mapreduce.Job: Counters: 50
	File System Counters
		FILE: Number of bytes read=171
		FILE: Number of bytes written=1729483
		FILE: Number of read operations=0
		FILE: Number of large read operations=0
		FILE: Number of write operations=0
		HDFS: Number of bytes read=346
		HDFS: Number of bytes written=36
		HDFS: Number of read operations=33
		HDFS: Number of large read operations=0
```

图 3-3-10　MapReduce 程序执行情况

步骤4： 查看MapReduce程序运行结果

利用HDFS的-cat命令来查看运行的结果，执行如下命令：

```
hadoop fs -ls /testResult
```

查看/testResult目录中的内容，/testResult目录的内容如图3-3-11所示。

```
[root@xiandian /root/IdeaProjects/hadoopclient/out/artifacts/hadoopclient_jar]# hadoop fs -ls /testResult
Found 11 items
-rw-r--r--   1 root supergroup          0 2019-07-05 09:23 /testResult/_SUCCESS
-rw-r--r--   1 root supergroup          0 2019-07-05 09:23 /testResult/part-r-00000
-rw-r--r--   1 root supergroup         36 2019-07-05 09:23 /testResult/part-r-00001
-rw-r--r--   1 root supergroup          0 2019-07-05 09:23 /testResult/part-r-00002
-rw-r--r--   1 root supergroup          0 2019-07-05 09:23 /testResult/part-r-00003
-rw-r--r--   1 root supergroup          0 2019-07-05 09:23 /testResult/part-r-00004
-rw-r--r--   1 root supergroup          0 2019-07-05 09:23 /testResult/part-r-00005
-rw-r--r--   1 root supergroup          0 2019-07-05 09:23 /testResult/part-r-00006
-rw-r--r--   1 root supergroup          0 2019-07-05 09:23 /testResult/part-r-00007
-rw-r--r--   1 root supergroup          0 2019-07-05 09:23 /testResult/part-r-00008
-rw-r--r--   1 root supergroup          0 2019-07-05 09:23 /testResult/part-r-00009
告   查看作业   提交问题   rojects/hadoopclient/out/artifacts/hadoopclient_jar]#
```

图 3-3-11　testResult 目录内容

查看part-r-00001中具体内容，执行如下命令：

```
hadoop fs -cat /testResult/part-r-00001
```

查看00001这辆车的数据，如图3-3-12所示。

```
[root@xiandian /root/IdeaProjects/hadoopclient/out/artifacts/hadoopclient_jar]# hadoop fs -cat /testResult/part-r-00001
LA9HIGECXH1HGC001-other other    38229
```

图 3-3-12　车的数据

注意：

MapReduce 程序的运行结果也可以通过 HDFS 的网页客户端来访问查看，但是这种方式需要在网页客户端上下载文件到本地，再打开文件查看，比较麻烦。所以只采用了上面的直接命令查询。

任务考评

【创建项目】考评记录

姓名		完成日期	
序号	考核内容	标准分	评分
01	MapReduce Job 提交客户端实现	40	
02	HadoopClient 项目打 jar 包	20	
03	运行 HadoopClient.jar 包	20	
04	查看 MapReduce 程序运行结果	20	
总评分		100	
任务实现心得：			

任务实训

任务实训	熟悉并掌握项目打jar包流程： 将上一个实训题目“使用MapReduce统计每门课程的参考人数和课程平均分”的程序进行打包导出。使用java命令再次执行本程序
任务目标	能够独立进行MapReduce Job任务的处理
任务总结	

单元 4

Zookeeper 部署

通过本单元的学习，主要使学生掌握 Zookeeper 安装和部署的知识，培养学生安装和使用软件工具的能力。

知识目标

了解 Zookeeper 组件的优缺点。

技能目标

掌握 Zookeeper 安装和部署的方法。

任务1 ZooKeeper的安装

任务描述

情境描述	项目经理张亮对拥有丰富开发经验的新员工小王非常满意，因为小王在公司发展的关键时刻，圆满地完成了Java操作HDFS程序和使用MapReduce对千万数量级的文件进行处理的两个任务。张亮向公司的上级推荐了小王，公司决定将他升职为项目经理，负责开发大数据应用项目组的任务。而张亮则升职为大数据应用部门的部门经理负责所有的大数据应用项目组，从此张亮和小王一起协同作战。 在开发MapReduce程序时，小王发现了一个问题，原有的Hadoop中分布式服务的配置较为复杂且容易出错，他提出如果能将Zookeeper引入进来，那么这个组件就可以将复杂易出错的关键服务封装好，将简单易用的接口和性能高效、功能稳定的系统提供给用户。张亮听完小王的建议，决定下一步部署Zookeeper组件，刚好目前公司的业务较少，有足够的时间完成此任务
任务分解	分析上面的工作情境，将任务分解如下： （1）下载并解压ZooKeeper压缩包。 （2）配置集群映射IP、设置myid。 （3）远程复制分发安装文件。 （4）启动ZooKeeper集群，并通过指令查看运行状态
任务准备	ZooKeeper是一个分布式的，开放源码的分布式应用程序协调服务，是Google的Chubby一个开源的实现，是Hadoop和Hbase的重要组件。它是一个为分布式应用提供一致性服务的软件，提供的功能包括：配置维护、域名服务、分布式同步、组服务等

任务目标

知识目标	掌握ZooKeeper的安装的方法。 了解启动ZooKeeper集群的脚本指令
技能目标	本任务中需要掌握以下技能： （1）能够完成ZooKeeper的安装及配置。 （2）能够远程复制分发安装文件，使用ZooKeeper的脚本查看其运行状态
素质目标	效率与安全：在远程复制分发安装文件的过程中，高效解决分发失败问题，提高远程操作及分发过程的信息安全意识

视频

ZooKeeper集群介绍

任务实现

ZooKeeper安装包；自行修改主机名和主机IP映射；如果OpenJDK有更新的情况，需要自行修改~/.bashrc文件中的OpenJDK的版本。

步骤1： 下载并解压ZooKeeper压缩包

注意：

本环境在 /usr/local/src 目录下为无外网的环境提供了安装包，先在 Master 节点执行如下操作。

进入/usr/local/src目录，执行如下命令：

```
cd /usr/local/src
```

解压文件到/usr/local/src目录下，执行如下命令：

```
tar -zxvf zookeeper-3.4.12.tar.gz
```

解压结果如图4-1-1所示。

```
zookeeper-3.4.12/src/zookeeper.jute
zookeeper-3.4.12/src/NOTICE.txt
zookeeper-3.4.12/src/pom.template
zookeeper-3.4.12/conf/
zookeeper-3.4.12/conf/zoo_sample.cfg
zookeeper-3.4.12/conf/configuration.xsl
zookeeper-3.4.12/conf/log4j.properties
zookeeper-3.4.12/zookeeper-3.4.12.jar.asc
zookeeper-3.4.12/bin/
zookeeper-3.4.12/bin/README.txt
zookeeper-3.4.12/bin/zkEnv.cmd
zookeeper-3.4.12/bin/zkCli.cmd
zookeeper-3.4.12/bin/zkServer.cmd
zookeeper-3.4.12/bin/zkCleanup.sh
zookeeper-3.4.12/bin/zkCli.sh
zookeeper-3.4.12/bin/zkServer.sh
zookeeper-3.4.12/bin/zkEnv.sh
zookeeper-3.4.12/zookeeper-3.4.12.jar
zookeeper-3.4.12/LICENSE.txt
zookeeper-3.4.12/build.xml
zookeeper-3.4.12/zookeeper-3.4.12.jar.md5
zookeeper-3.4.12/NOTICE.txt
[root@xiandian /usr/local/src]#
```

图 4-1-1 ZooKeeper 解压

步骤2： 配置集群映射IP

进入/usr/local/src/zookeeper-3.4.12/conf，执行如下命令：

```
cd /usr/local/src/zookeeper-3.4.12/conf
```

将zoo_sample.cfg文件重命名为zoo.cfg，执行如下命令：

```
mv zoo_sample.cfg zoo.cfg
```

编辑zoo.cfg，执行如下命令：

```
vi zoo.cfg
```

按【i】键进入编辑模式，修改dataDir后面的内容如下：

```
dataDir=/home/hadoop/storage/zookeeper
```

在文件最末尾加上如下内容：

```
server.1=10.26.0.58:2888:3888
server.2=10.26.0.59:2888:3888
server.3=10.26.0.60:2888:3888
```

注意：

在 /etc/hosts 文件中配置了 IP 和主机名映射前提下，根据自己的 IP 进行修改，当然也可以将 IP 换成主机名。

最终配置如图4-1-2所示。

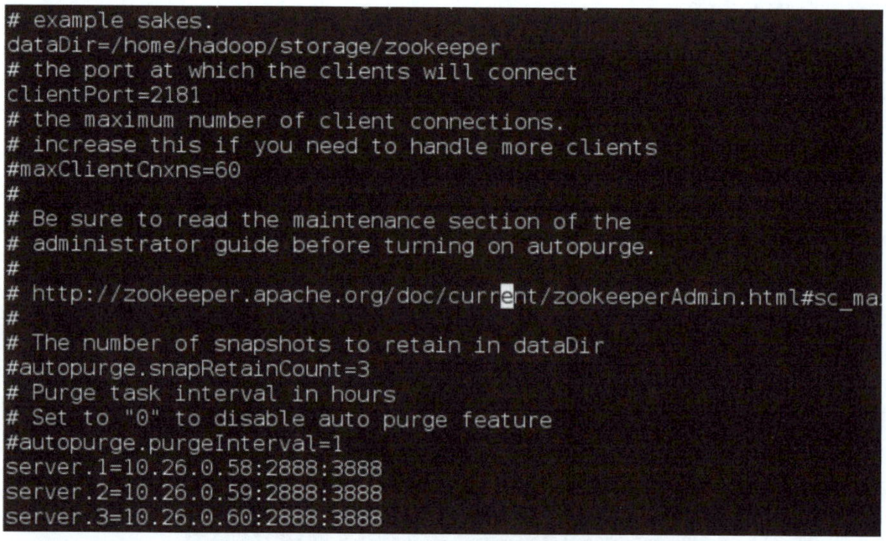

```
# example sakes.
dataDir=/home/hadoop/storage/zookeeper
# the port at which the clients will connect
clientPort=2181
# the maximum number of client connections.
# increase this if you need to handle more clients
#maxClientCnxns=60
#
# Be sure to read the maintenance section of the
# administrator guide before turning on autopurge.
#
# http://zookeeper.apache.org/doc/current/zookeeperAdmin.html#sc_ma
#
# The number of snapshots to retain in dataDir
#autopurge.snapRetainCount=3
# Purge task interval in hours
# Set to "0" to disable auto purge feature
#autopurge.purgeInterval=1
server.1=10.26.0.58:2888:3888
server.2=10.26.0.59:2888:3888
server.3=10.26.0.60:2888:3888
```

图 4-1-2　zoo.cfg 文件配置

编辑结束后，按【Esc】键进入末行模式，输入:wq命令，然后按【Enter】键，保存代码并退出。

回到根目录，创建ZooKeeper目录（三台都要创建），执行如下命令：

```
cd ~
mkdir -p /home/hadoop/storage/zookeeper
```

步骤3: 远程复制分发安装文件

上面已经在一台机器上配置完成了ZooKeeper，现在可以将该配置好的文件远程复制到集群中其他节点对应的目录，执行如下命令（IP为目标机器IP）：

```
cd /usr/local/src
scp -r zookeeper-3.4.12 10.26.0.59:/usr/local/src/
```

注意：

这里要发送给其它两台节点。

结果如图4-1-3所示。

```
aminclude.am                    100% 4733     18.0MB/s   00:00
c-doc.Doxyfile                  100%   50KB   56.9MB/s   00:00
configure.ac                    100% 2210     10.2MB/s   00:00
zoo_queue.h                     100% 4200     16.5MB/s   00:00
zoo_queue.c                     100%   14KB   32.4MB/s   00:00
TestClient.cc                   100%   13KB   34.1MB/s   00:00
TestDriver.cc                   100% 3601     15.6MB/s   00:00
Util.cc                         100% 1031      5.3MB/s   00:00
Util.h                          100% 3882     14.9MB/s   00:00
zkServer.sh                     100% 1771      8.5MB/s   00:00
DistributedQueue.java           100%   10KB   23.4MB/s   00:00
DistributedQueueTest.java       100% 9393     21.3MB/s   00:00
zookeeper.jute                  100% 7269     20.3MB/s   00:00
zookeeper-3.4.12.jar            100% 1449KB  114.2MB/s   00:00
zookeeper-3.4.12.jar.asc        100%  819      3.3MB/s   00:00
zookeeper-3.4.12.jar.md5        100%   33    201.6KB/s   00:00
```

图 4-1-3 发送给其他主机

步骤4： 设置myid

在三台节点配置的dataDir指定的目录下面（/home/hadoop/storage/zookeeper目录下），创建一个myid文件，先切换到目录/home/hadoop/storage/zookeeper，再进行创建，执行如下命令：

```
cd /home/hadoop/storage/zookeeper/
touch myid
```

在myid文件中输入内容，内容为数字，表示当前主机，执行如下命令：

```
echo "1" > myid
```

注意：

在 conf/zoo.cfg 文件中配置的 server.x 中 x 为数字，则 myid 文件中就输入这个数字，由于有三台节点，每台都有对应编号，按照前面配置的 server.x 的顺序，分别在三台节点都执行该命令，并且每台节点输入的数字要和 server.x 的 x 相对应。比如 10.26.0.59 这台是 server.2，那么这台主机 myid 里面输入的数字就是 2，其他机器依此类推。

为了验证是否写入成功，可以通过cat命令来查看该文件的内容，查询结果如图4-1-4所示。

```
[root@xiandian /home/hadoop/storage/zookeeper]# cat myid
1
```

图 4-1-4 查看 myid 内容

步骤5： 启动ZooKeeper集群

进入所有节点的ZooKeeper目录的bin目录下，执行如下命令：

```
cd /usr/local/src/zookeeper-3.4.12/bin
```

启动ZooKeeper服务，执行如下命令：

```
./zkServer.sh start
```

结果如图4-1-5 所示。

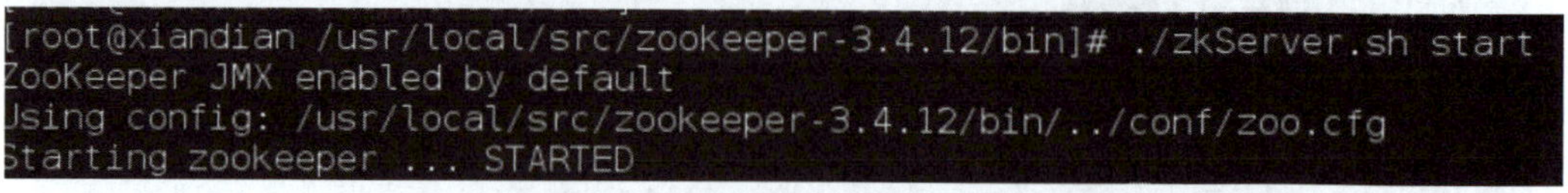

```
[root@xiandian /usr/local/src/zookeeper-3.4.12/bin]# ./zkServer.sh start
ZooKeeper JMX enabled by default
Using config: /usr/local/src/zookeeper-3.4.12/bin/../conf/zoo.cfg
Starting zookeeper ... STARTED
```

图 4-1-5　ZooKeeper 服务启动

启动ZooKeeper集群的时候，由于每个节点启动的顺序不同，连接其他节点时可能在日志前有部分异常，可以忽略，等集群在选出一个Leader之后就稳定了，其他节点一样，属正常现象。

步骤6： 安装验证

可以通过ZooKeeper的脚本来查看启动状态，包括集群中各个节点的角色，执行如下命令：

```
/usr/local/src/zookeeper-3.4.12/bin/zkServer.sh status
```

以下是在ZooKeeper集群中的每个节点上查询的结果，由于ZooKeeper的leader选举规则所致，无法确定具体哪台是leader，哪两台是follower，所以需要去每台确认节点具体的角色。查询结果如图4-1-6、图4-1-7 所示。

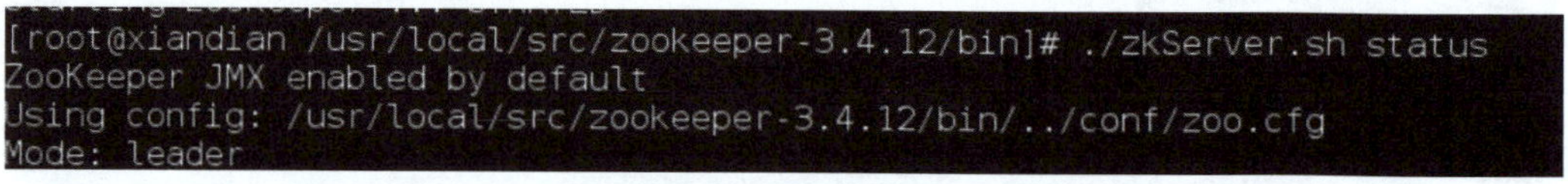

```
[root@xiandian /usr/local/src/zookeeper-3.4.12/bin]# ./zkServer.sh status
ZooKeeper JMX enabled by default
Using config: /usr/local/src/zookeeper-3.4.12/bin/../conf/zoo.cfg
Mode: leader
```

图 4-1-6　leader 节点

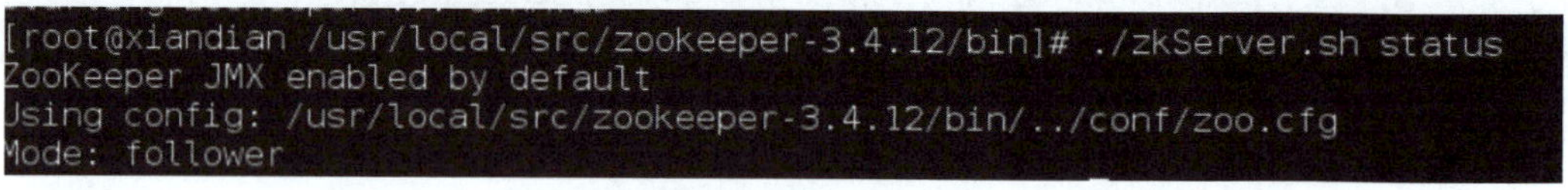

```
[root@xiandian /usr/local/src/zookeeper-3.4.12/bin]# ./zkServer.sh status
ZooKeeper JMX enabled by default
Using config: /usr/local/src/zookeeper-3.4.12/bin/../conf/zoo.cfg
Mode: follower
```

图 4-1-7　follower 节点

另外，可以通过客户端脚本，连接到ZooKeeper集群上。执行如下命令：

```
./zkCli.sh -server 10.26.0.59:2181
```

注意：

IP 地址根据实际情况进行修改。

连接成功结果如图4-1-8 所示。

```
[root@xiandian /usr/local/src/zookeeper-3.4.12]# bin/zkCli.sh -server 10.26.0.59:2181
Connecting to 10.26.0.59:2181
2019-07-04 07:11:05,702 [myid:] - INFO  [main:Environment@100] - Client environment:zookeeper.version=3.4.12-e5259e437540
46870ea94dc2658c4e44b3b, built on 03/27/2018 03:55 GMT
2019-07-04 07:11:05,707 [myid:] - INFO  [main:Environment@100] - Client environment:host.name=1562218961861
2019-07-04 07:11:05,707 [myid:] - INFO  [main:Environment@100] - Client environment:java.version=1.8.0_212
2019-07-04 07:11:05,710 [myid:] - INFO  [main:Environment@100] - Client environment:java.vendor=Oracle Corporation
2019-07-04 07:11:05,710 [myid:] - INFO  [main:Environment@100] - Client environment:java.home=/usr/lib/jvm/java-1.8.0-ope
1.8.0.212.b04-0.el7_6.x86_64/jre
2019-07-04 07:11:05,710 [myid:] - INFO  [main:Environment@100] - Client environment:java.class.path=/usr/local/src/zookee
.4.12/bin/../build/classes:/usr/local/src/zookeeper-3.4.12/bin/../build/lib/*.jar:/usr/local/src/zookeeper-3.4.12/bin/../
lf4j-log4j12-1.7.25.jar:/usr/local/src/zookeeper-3.4.12/bin/../lib/slf4j-api-1.7.25.jar:/usr/local/src/zookeeper-3.4.12/b
/lib/netty-3.10.6.Final.jar:/usr/local/src/zookeeper-3.4.12/bin/../lib/log4j-1.2.17.jar:/usr/local/src/zookeeper-3.4.12/b
/lib/jline-0.9.94.jar:/usr/local/src/zookeeper-3.4.12/bin/../lib/audience-annotations-0.5.0.jar:/usr/local/src/zookeeper-
2/bin/../zookeeper-3.4.12.jar:/usr/local/src/zookeeper-3.4.12/bin/../src/java/lib/*.jar:/usr/local/src/zookeeper-3.4.12/b
/conf:.:/usr/lib/jvm/java-1.8.0-openjdk/lib:/usr/lib/jvm/java-1.8.0-openjdk/jre/lib
2019-07-04 07:11:05,710 [myid:] - INFO  [main:Environment@100] - Client environment:java.library.path=/usr/java/packages/
md64:/usr/lib64:/lib64:/lib:/usr/lib
2019-07-04 07:11:05,711 [myid:] - INFO  [main:Environment@100] - Client environment:java.io.tmpdir=/tmp
2019-07-04 07:11:05,711 [myid:] - INFO  [main:Environment@100] - Client environment:java.compiler=<NA>
2019-07-04 07:11:05,711 [myid:] - INFO  [main:Environment@100] - Client environment:os.name=Linux
2019-07-04 07:11:05,711 [myid:] - INFO  [main:Environment@100] - Client environment:os.arch=amd64
2019-07-04 07:11:05,711 [myid:] - INFO  [main:Environment@100] - Client environment:os.version=3.10.0-862.el7.x86_64
2019-07-04 07:11:05,711 [myid:] - INFO  [main:Environment@100] - Client environment:user.name=root
2019-07-04 07:11:05,711 [myid:] - INFO  [main:Environment@100] - Client environment:user.home=/root
2019-07-04 07:11:05,712 [myid:] - INFO  [main:Environment@100] - Client environment:user.dir=/usr/local/src/zookeeper-3.4
2019-07-04 07:11:05,713 [myid:] - INFO  [main:ZooKeeper@441] - Initiating client connection, connectString=10.26.0.59:218
sionTimeout=30000 watcher=org.apache.zookeeper.ZooKeeperMain$MyWatcher@421faab1
Welcome to ZooKeeper!
2019-07-04 07:11:05,739 [myid:] - INFO  [main-SendThread(10.26.0.59:2181):ClientCnxn$SendThread@1028] - Opening socket co
ion to server 10.26.0.59/10.26.0.59:2181. Will not attempt to authenticate using SASL (unknown error)
JLine support is enabled
```

图 4-1-8　连接 Zookeeper 成功

等待连接完成后，进行验证，执行如下命令：

```
ls /
```

显示ZooKeeper连接，如图4-1-9所示。

```
[zk: 10.26.0.59:2181(CONNECTED) 1] ls /
[zookeeper]
```

图 4-1-9　显示 ZooKeeper 连接

任务考评

【创建项目】考评记录

姓名		完成日期	
序号	考核内容	标准分	评分
01	下载并解压 ZooKeeper 压缩包	10	
02	配置集群映射 IP、设置 myid	40	
03	远程复制分发安装文件	30	
04	启动 ZooKeeper 集群，并通过指令查看运行状态	20	
总评分		100	

任务实现心得：

任务实训

任务实训	熟悉并掌握Zookeeper的安装与配置： 修改ZooKeeper启动后的日志文件ZooKeeper.out至用户目录下新创建的log文件夹下
任务目标	能够独立部署Zookeeper组件
任务总结	

任务 2　Java 实现 ZooKeeper 对 Znode 的基本操作

任务描述

情境描述	新的项目经理小王已经将ZooKeeper组件部署到了Hadoop平台，现在准备召集人马实现一个新功能，通过Java程序访问及操作Znode。这样可以让更多不熟悉Znode基本操作的员工直接调用Java的API，而不用考虑操作细节，方便后续的维护。 接下来，小王作为负责人指导团队完成此任务，他自己需要去设计ZooKeeper的分布式锁，为了进一步优化程序
任务分解	分析上面的工作情境，将任务分解如下： （1）创建Maven项目。 （2）创建ZooKeeper连接。 （3）创建节点并获取节点信息。 （4）测试更新节点信息和删除节点信息的API
任务准备	本任务中操作Znode的准备步骤如下： （1）查找Zookeeper的pom配置信息。 （2）准备好实际的ip地址信息。 （3）查找更新节点信息和删除节点信息的API接口

任务目标

知识目标	了解Zookeeper的作用。 掌握Znode的基本操作知识
技能目标	本任务中需要掌握以下技能： （1）学会Java连接Zookeeper的方法。 （2）学会创建节点的方法。 （3）学会更新和删除节点的方法
素质目标	细心与耐心：能细心查阅Java的相关API文档，对Zookeeper组件进行常规操作

任务实现

搭建完成的ZooKeeper集群；开始实验前请自行修改IP地址和主机名映射并启动相应的Zookeeper服务；如果OpenJDK有更新的情况，需要自行修改~/.bashrc 文件中的OpenJDK的版本。

步骤1: 创建Maven项目

进入任务之后，使用IDEA创建一个新的Maven项目，GroupId和ArtifactId出现如下界面直接单击“Next”按钮，如图4-2-1所示。

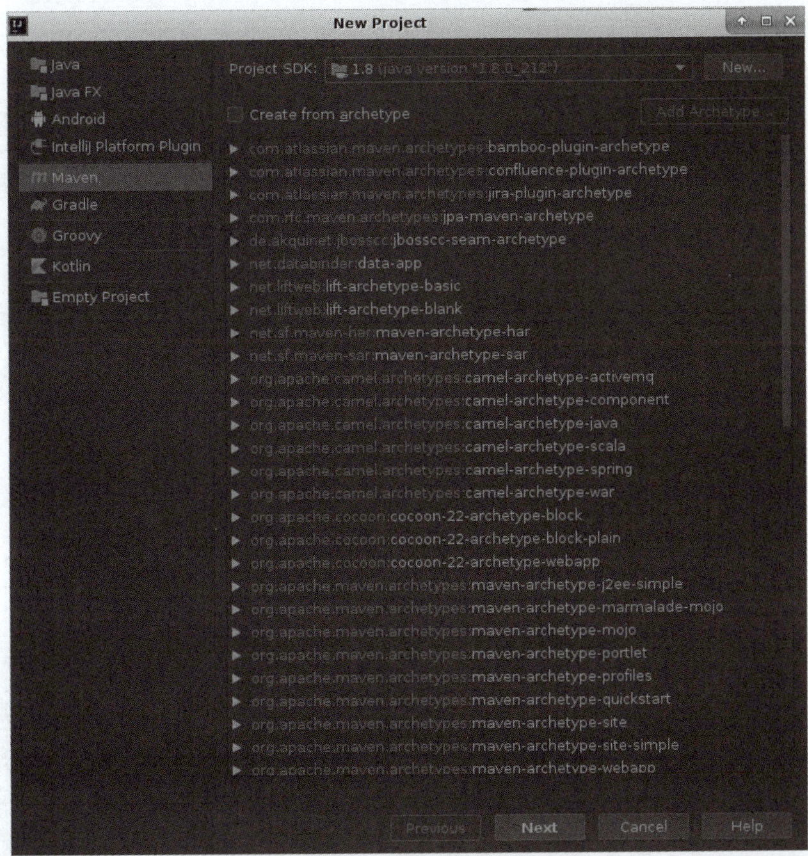

图 4-2-1　新建项目界面

进入组织架构界面，输入GroupId和ArtifactId，单击“Next”按钮进入下一个界面，如图4-2-2 所示。

图 4-2-2　Maven 项目的组织架构命名

进入这一界面后，输入项目名称，如图4-2-3 所示。

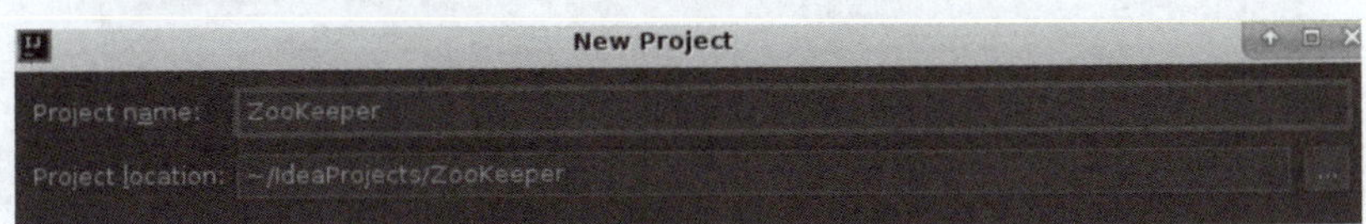

图 4-2-3　输入项目名称

单击“Finish”按钮完成创建，关闭欢迎界面。

在pom.xml文件中添加如下代码：

```
<dependencies>
<dependency>
<groupId>org.apache.zookeeper</groupId>
<artifactId>zookeeper</artifactId>
<version>3.4.12</version>
</dependency>

<dependency>
<groupId>junit</groupId>
<artifactId>junit</artifactId>
<version>4.12</version>
<scope>test</scope>
</dependency>
</dependencies>
```

添加完成后，单击右下角出现的“import changes”选项来更新依赖包，如图4-2-4所示。

图 4-2-4　导入 pom 依赖包

等待下载完成之后，图4-2-4中红色的字会变成灰色。

步骤2：代码片段说明

（1）创建ZooKeeper连接。

① 展开ZooKeeper->src->main->java，选中java右击->New->Package创建一个名为com.zookeeper的包，如图4-2-5所示。

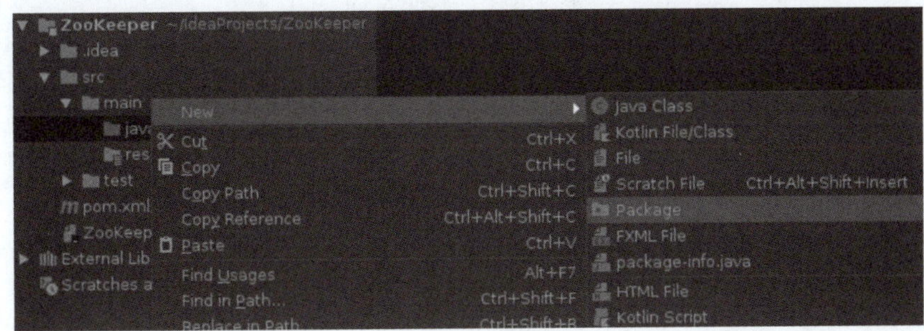

图 4-2-5　创建包

② 填写包名，包名输入完成之后，单击“OK”按钮完成创建，如图4-2-6所示。

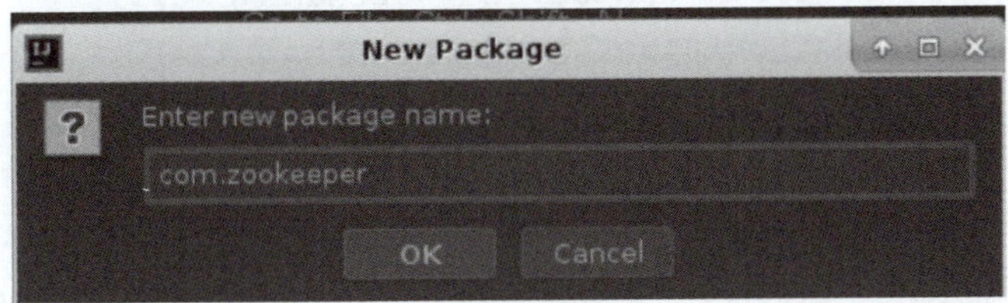

图 4-2-6　命名包名

③ 完成之后，展开java，选中com.zookeeper右击->New->Java Class创建名为ZooKeeperNode的类，如图4-2-7所示。

图 4-2-7　创建 Java 类

④ 填写类名，类名输入完成之后，单击“OK”按钮完成创建，如图4-2-8所示。

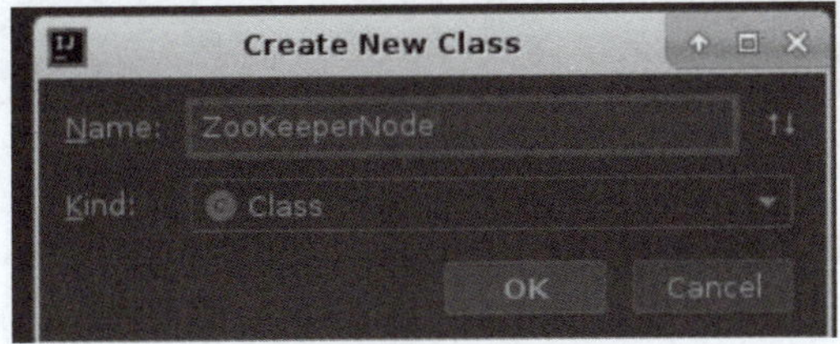

图 4-2-8　给类命名

⑤ 然后单击代码编辑框出现的“Attach annotations”选项，如图4-2-9所示。

图 4-2-9　匹配 JDK

注意：

以下是根据功能提供的代码片段，用来供学生学习分析用，如果要直接运行，可以复制下面步骤 7 的完整代码用于运行。

⑥ 创建ZooKeeper连接的主要代码如下：

```
private final int SESSION_TIMEOUT=30000;
ZooKeeper zk;
Watcher watcher = new Watcher() {
    public void process(WatchedEvent watchedEvent) {
        System.out.println(watchedEvent.toString());
    }
};
@Before
public void before() throws IOException {
    zk = new ZooKeeper("IP:2181,IP:2181,IP:2181", SESSION_TIMEOUT, watcher);
}
@After
public void after() throws InterruptedException {
    zk.close();
}
```

添加代码之后，导入相关依赖包，期间可能Before等没有import..选项，进行如下操作，如图4-2-10所示。

图 4-2-10　解决方法

最终需要的依赖包如图4-2-11所示。

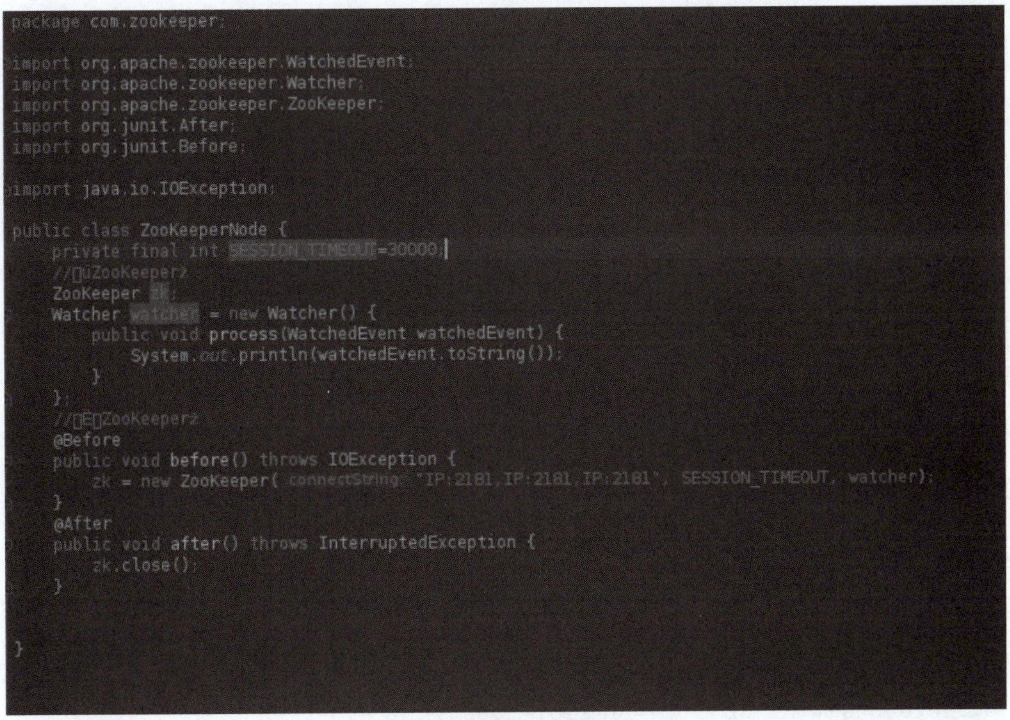

```
package com.zookeeper;

import org.apache.zookeeper.WatchedEvent;
import org.apache.zookeeper.Watcher;
import org.apache.zookeeper.ZooKeeper;
import org.junit.After;
import org.junit.Before;

import java.io.IOException;

public class ZooKeeperNode {
    private final int SESSION_TIMEOUT=30000;
    //□uZooKeeperz
    ZooKeeper zk;
    Watcher watcher = new Watcher() {
        public void process(WatchedEvent watchedEvent) {
            System.out.println(watchedEvent.toString());
        }
    };
    //□E□ZooKeeperz
    @Before
    public void before() throws IOException {
        zk = new ZooKeeper( connectString: "IP:2181,IP:2181,IP:2181", SESSION_TIMEOUT, watcher);
    }
    @After
    public void after() throws InterruptedException {
        zk.close();
    }


}
```

图 4-2-11　导入的包 5

(2) 创建节点。

创建节点的主要代码如下：

```
    @Test
  public void create() throws KeeperException, InterruptedException {
          // When creating a node, you need to provide the name, data,
          // permissions, and node type of the node.
          System.out.println("1.create ZooKeeper nodes (znode:zoo)
2,data:myData2,Permition:OPEN_ACL_UNSAFE,NodeType:Persistent)");
          zk.create("/zk", "myData".getBytes(),ZooDefs.Ids.OPEN_ACL_
UNSAFE, CreateMode.PERSISTENT);
      }
```

描述：创建一个名为zk的节点，数据是myData，权限为完全开放。

(3) 获取节点信息。

获取节点信息的主要代码如下：

```
public void getData() throws KeeperException, InterruptedException {
System.out.println(new String(zk.getData("/zk", false, null)));
}
```

(4) 更新节点信息。

更新节点信息的主要代码如下：

```
public void getSetData() throws KeeperException, InterruptedExceptio{
System.out.println(new String(zk.getData("/zk", false, null)));
}
```

（5）删除节点。

删除节点的主要代码：

```
public void delete() throws InterruptedException, KeeperException {
zk.delete("/zk", -1);
}
```

步骤3： 完整代码运行

完整代码如下：

> **注意：**
> 代码里面的 IP 地址需要根据实际 IP 地址进行修改。

```
public class ZooKeeperNode{
private final int SESSION_TIMEOUT=30000;
    // Create  ZooKeeper examples
    ZooKeeper zk;
    Watcher watcher = new Watcher() {
public void process(WatchedEvent watchedEvent) {
System.out.println(watchedEvent.toString());
        }
    };
    //Initialize ZooKeeper examples
    @Before
public void before() throws IOException {
        zk = new ZooKeeper("10.26.0.38:2181, 10.26.0.39:2181, 10.26.0.40:2181", SESSION_
TIMEOUT, watcher);
    }
    @After
public void after() throws InterruptedException {
zk.close();
    }

    @Test
public void create() throws KeeperException, InterruptedException {
        //When creating a node, you need to provide the name, data,
        //permissions, and node type of the node.
        System.out.println("1.create ZooKeeper nodes (znode:zoo) 2,
data:myData2,Permition:OPEN_ACL_UNSAFE,NodeType:Persistent)");
        zk.create("/zk", "myData".getBytes(),ZooDefs.Ids.OPEN_ACL_UNSAFE,
CreateMode.PERSISTENT);
```

```
    }

    @Test
    public void getData() throws KeeperException, InterruptedException {
        System.out.println("2. Check to see if the creation was successful:");
        System.out.println(new String(zk.getData("/zk", false, null)));
    }

    @Test
    public void setData() throws KeeperException, InterruptedException {
        System.out.println("3. Modify node data:");
        zk.setData("/zk", "xiugai".getBytes(), -1);
    }

    @Test
    public void getSetData() throws KeeperException, InterruptedException {
        System.out.println("4. Check to see if the modify was successful:");
        System.out.println(new String(zk.getData("/zk", false, null)));
    }

    @Test
    public void delete() throws InterruptedException, KeeperException {
        System.out.println("5.delete nodes ");
        zk.delete("/zk", -1);
    }
}
```

添加代码之后，导入相关依赖包，需要的依赖包如图4-2-12所示。

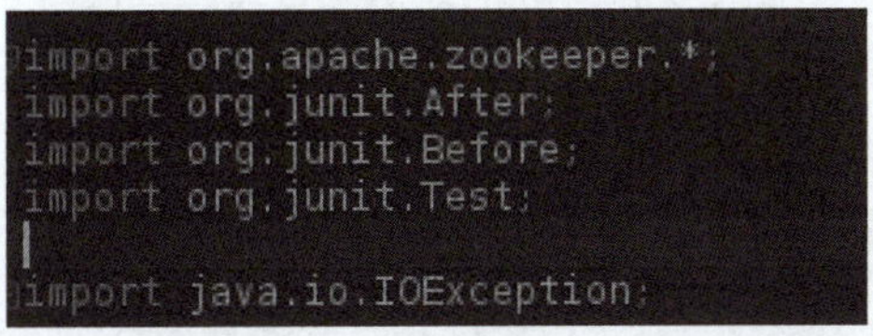

```
import org.apache.zookeeper.*;
import org.junit.After;
import org.junit.Before;
import org.junit.Test;

import java.io.IOException;
```

图 4-2-12 导入的包 6

接下来开始运行对应的代码，运行代码的时候要按照“创建-获取-修改-删除”顺序运行，否则操作无法成功。

首先运行创建节点的代码，将光标移动到“create”方法旁边的绿色运行按钮，单击之后，选择“Run 'create()' ”，等待结果运行，如图4-2-13所示。

```
@Test
Run 'create()'     Ctrl+Shift+F10     KeeperException, InterruptedException {
Debug 'create()'                      you need to provide the name, data, permissions, and   //node
Run 'create()' with Coverage          reate ZooKeeper nodes (znode:zoo) 2.data:myData2.Permition:OPEN
                                      "myDate".getBytes(),ZooDefs.Ids.OPEN_ACL_UNSAFE, CreateMode.PERS
```

图 4-2-13 运行 create 方法

运行后控制台会打印出在代码中输出的消息，如图4-2-14所示。

```
✔ Tests passed: 1 of 1 test – 323 ms
/usr/lib/jvm/java-1.8.0-openjdk/bin/java ...
log4j:WARN No appenders could be found for logger (org.apache.zookeeper.ZooKeeper).
log4j:WARN Please initialize the log4j system properly.
log4j:WARN See http://logging.apache.org/log4j/1.2/faq.html#noconfig for more info.
1.create ZooKeeper nodes (znode:zoo) 2,data:myData2,Permition:OPEN_ACL_UNSAFE,NodeType:Persistent)
WatchedEvent state:SyncConnected type:None path:null

Process finished with exit code 0
```

图 4-2-14　create() 方法输出结果

运行getData()代码，运行结果如图4-2-15所示。

```
@Test
Run 'getData()'    Ctrl+Shift+F10       KeeperException, InterruptedException {
Debug 'getData()'                       ck to see if the creation was successful:");
Run 'getData()' with Coverage           ing(zk.getData( path: "/zk", watch: false, stat: null)));

@Test
public void setData() throws KeeperException, InterruptedException {
    System.out.println("3. Modify node data:");
    zk.setData( path: "/zk", "xiugai".getBytes(), version: -1);
}

@Test
public void getSetData() throws KeeperException, InterruptedException {
    System.out.println("4. Check to see if the modify was successful:");
ZooKeeperNode › create()

✔ Tests passed: 1 of 1 test – 269 ms
/usr/lib/jvm/java-1.8.0-openjdk/bin/java ...
log4j:WARN No appenders could be found for logger (org.apache.zookeeper.ZooKeeper).
log4j:WARN Please initialize the log4j system properly.
log4j:WARN See http://logging.apache.org/log4j/1.2/faq.html#noconfig for more info.
2. Check to see if the creation was successful:
WatchedEvent state:SyncConnected type:None path:null
myData

Process finished with exit code 0
```

图 4-2-15　getData() 方法运行结果

运行setData()代码，运行结果如图4-2-16所示。

```
@Test
Run 'setData()'    Ctrl+Shift+F10       KeeperException, InterruptedException {
Debug 'setData()'                       dify node data:");
Run 'setData()' with Coverage           "xiugai".getBytes(), version: -1);

@Test
public void getSetData() throws KeeperException, InterruptedException {
    System.out.println("4. Check to see if the modify was successful:");
ZooKeeperNode › create()

Tests passed: 1 of 1 test – 206 ms
usr/lib/jvm/java-1.8.0-openjdk/bin/java ...
log4j:WARN No appenders could be found for logger (org.apache.zookeeper.ZooKeeper).
log4j:WARN Please initialize the log4j system properly.
log4j:WARN See http://logging.apache.org/log4j/1.2/faq.html#noconfig for more info.
3. Modify node data:
WatchedEvent state:SyncConnected type:None path:null

Process finished with exit code 0
```

图 4-2-16　setData() 方法运行结果

运行getSetData()代码，运行结果如图4-2-17所示。

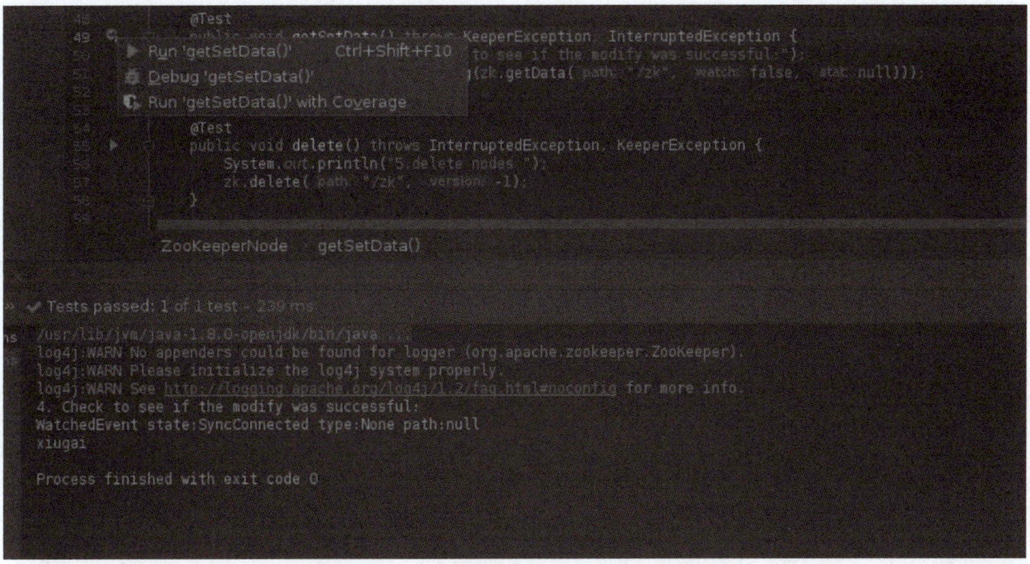

```
@Test
public void delete() throws InterruptedException, KeeperException {
    System.out.println("5.delete nodes ");
    zk.delete( path: "/zk",  version: -1);
}

ZooKeeperNode    getSetData()

✔ Tests passed: 1 of 1 test - 239 ms
/usr/lib/jvm/java-1.8.0-openjdk/bin/java ...
log4j:WARN No appenders could be found for logger (org.apache.zookeeper.ZooKeeper).
log4j:WARN Please initialize the log4j system properly.
log4j:WARN See http://logging.apache.org/log4j/1.2/faq.html#noconfig for more info.
4. Check to see if the modify was successful:
WatchedEvent state:SyncConnected type:None path:null
xiugai

Process finished with exit code 0
```

图 4-2-17　getSetData() 方法运行结果

运行delete()代码，运行结果如图4-2-18所示。

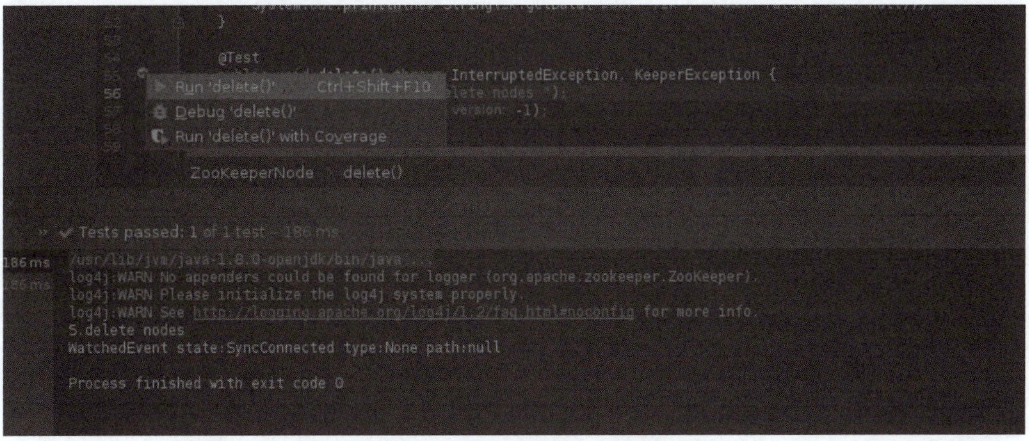

```
ZooKeeperNode    delete()

✔ Tests passed: 1 of 1 test - 186 ms
/usr/lib/jvm/java-1.8.0-openjdk/bin/java ...
log4j:WARN No appenders could be found for logger (org.apache.zookeeper.ZooKeeper).
log4j:WARN Please initialize the log4j system properly.
log4j:WARN See http://logging.apache.org/log4j/1.2/faq.html#noconfig for more info.
5.delete nodes
WatchedEvent state:SyncConnected type:None path:null

Process finished with exit code 0
```

图 4-2-18　delete() 方法运行结果

任务考评

【创建项目】考评记录

姓名		完成日期	
序号	考核内容	标准分	评分
01	创建 Maven 项目	10	
02	创建 ZooKeeper 连接	20	
03	创建节点	20	
04	获取节点信息	20	
05	测试更新节点信息	20	
06	测试删除节点信息的 API	10	
总评分		100	

任务实现心得：

任务实训	熟悉并掌握Java实现ZooKeeper对Znode的操作
任务目标	能够独立进行对节点的增删改查操作的编程
任务总结	

学习笔记

单元 5 HBase 集群的搭建

通过本单元的学习，使学生掌握大数据平台的分布式存储系统 HBase 的知识，培养对分布式存储系统的部署能力。

知识目标

了解 HBase 集群的作用。

技能目标

掌握大数据平台环境部署分布式存储系统的方法。

任务1 HBase集群的搭建

任务描述

情境描述	过去的三个月导航软件顺利完成了多次升级，赢得了用户的认可，小王也完成了ZooKeeper的部署，系统使用起来更加高效。但是，新的挑战来了，随着数据规模的不断扩大，这次面临的问题不是处理海量的文件，而是需要将海量的数据进行存储，这样原来的数据库已经不能满足新任务的需要。 项目经理小王决定搭建HBase集群，来满足高可靠性、高性能、可伸缩的分布式存储系统的需求
任务分解	分析上面的工作情景，将任务分解如下： （1）搭建HBase集群。 （2）测试HBase集群的启动和停止操作
任务准备	（1）HBase 依赖于 HDFS 做底层的数据存储。 （2）HBase 依赖于 MapReduce 做数据计算。 （3）HBase 依赖于 ZooKeeper 做服务协调。 （4）HBase的安装需要依赖JDK。 要求验证以上组件安装是否成功

任务目标

知识目标	掌握HBase集群的搭建方法。 掌握HBase集群的启动和停止方法
技能目标	本任务中需要掌握以下技能： （1）能够搭建HBase集群。 （2）能够对HBase集群进行启动和停止操作
素质目标	积极与思考：在HBase集群的搭建的过程中，及时分析流程错误，思考解决方案

任务实现

开始任务实现前请自行修改IP地址和主机名映射并启动相应的Hadoop和Zookeeper服务；如果OpenJDK有更新的情况，需要自行修改~/.bashrc文件中的OpenJDK的版本。

步骤1： 解压HBase安装包

本节中安装目录位于/opt/hbase-2.0.1-bin.tar.gz。

进入/opt目录并解压安装文件，示例代码如下：

```
cd /opt
tar -zxvf hbase-2.0.1-bin.tar.gz
```

解压过程如图5-1-1所示。

```
Reducer.html
hbase-2.0.1/docs/apidocs/src-html/org/apache/hadoop/hbase/mapreduce/Import.CellS
ortImporter.html
hbase-2.0.1/docs/apidocs/src-html/org/apache/hadoop/hbase/mapreduce/ImportTsv.ht
ml
hbase-2.0.1/docs/apidocs/src-html/org/apache/hadoop/hbase/mapreduce/DefaultVisib
ilityExpressionResolver.html
hbase-2.0.1/docs/apidocs/src-html/org/apache/hadoop/hbase/mapreduce/HashTable.Ta
bleHash.Reader.html
hbase-2.0.1/docs/apidocs/src-html/org/apache/hadoop/hbase/mapreduce/TableRecordR
eader.html
hbase-2.0.1/docs/apidocs/src-html/org/apache/hadoop/hbase/mapreduce/Multithreade
dTableMapper.html
hbase-2.0.1/docs/apidocs/src-html/org/apache/hadoop/hbase/mapreduce/PutSortReduc
er.html
hbase-2.0.1/docs/apidocs/src-html/org/apache/hadoop/hbase/mapreduce/JobUtil.html
hbase-2.0.1/docs/apidocs/src-html/org/apache/hadoop/hbase/mapreduce/HashTable.Ta
bleHash.html
hbase-2.0.1/docs/apidocs/src-html/org/apache/hadoop/hbase/mapreduce/TableSnapsho
tInputFormatImpl.html
```

图 5-1-1 解压文件

步骤2: 修改配置文件

进入conf目录，示例代码如下：

```
cd hbase-2.0.1/conf
```

编辑hbase-env.sh，示例代码如下：

```
vi hbase-env.sh
```

添加如下内容：

```
export JAVA_HOME=/usr/lib/jvm/java-1.8.0-openjdk
```

注意：
找到 JAVA_HOME 的配置项，把 export 前面的注释符号（#）删除，然后将后面的 JDK 路径修改成我们安装的 JDK 路径（查看 JDK 路径，请使用 echo $JAVA_HOME 命令来查看）。

结果如图5-1-2所示。

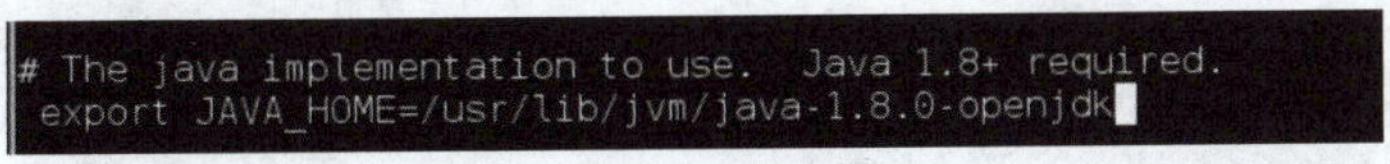

```
# The java implementation to use.  Java 1.8+ required.
 export JAVA_HOME=/usr/lib/jvm/java-1.8.0-openjdk
```

图 5-1-2 配置 JDK 路径

编辑结束后，按【Esc】键进入末行模式，输入:wq命令，然后按【Enter】键，保存代码并退出。

编辑hbase-site.xml，添加如下内容：

```
vi hbase-site.xml
```

在<configuration></configuration>之间添加配置项。这一项是配置HBase在HDFS上面的存储路径。

注意：
下面的配置项分开是为了说明含义，不要复制说明语句。

```
<property>
<name>hbase.rootdir</name>
<value>hdfs://Master:9000/opt/hbase/hbase_db</value>
</property>
```

这一项是配置HBase是否是集群状态，true表示是集群。

```
<property>
<name>hbase.cluster.distributed</name>
<value>true</value>
</property>
```

这一项是配置ZooKeeper集群的地址，如果没有配置主机名IP地址映射，就使用IP地址。

```
<property>
<name>hbase.zookeeper.quorum</name>
<value>Master,Slave1,Slave2</value>
</property>
```

这一项是配置ZooKeeper的数据存放目录。

```
<property>
<name>hbase.zookeeper.property.dataDir</name>
<value>/opt/hbase/zookeeper</value>
</property>
```

所有的配置如图5-1-3所示。

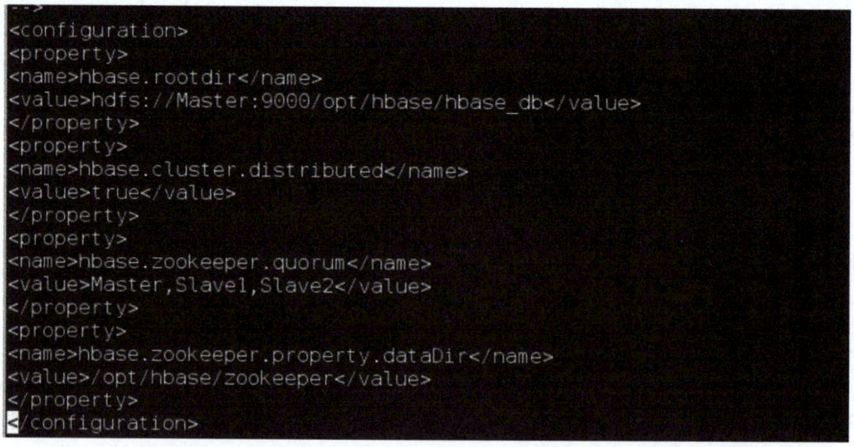

```
-->
<configuration>
<property>
<name>hbase.rootdir</name>
<value>hdfs://Master:9000/opt/hbase/hbase_db</value>
</property>
<property>
<name>hbase.cluster.distributed</name>
<value>true</value>
</property>
<property>
<name>hbase.zookeeper.quorum</name>
<value>Master,Slave1,Slave2</value>
</property>
<property>
<name>hbase.zookeeper.property.dataDir</name>
<value>/opt/hbase/zookeeper</value>
</property>
</configuration>
```

图 5-1-3　hbase-site.xml 配置项

编辑结束后，按【Esc】键进入末行模式，输入:wq命令，然后按【Enter】键，保存代码并退出。

配置regionservers，示例代码如下：

```
vi regionservers
```

去掉默认的localhost，加入Slave1、Slave2（从节点的主机名），配置结果如图5-1-4所示。

图 5-1-4　regionservers 配置项

完成之后保存退出，然后把在Master上配置好的HBase，通过远程复制命令发送给其他两台主机，示例代码如下：

```
scp -r /opt/hbase-2.0.1 Slave1:/opt/hbase-2.0.1
scp -r /opt/hbase-2.0.1 Slave2:/opt/hbase-2.0.1
```

发送过程如图5-1-5所示。

```
ReplicationPeersZKImpl.html                    100%   54KB  40.5MB/s   00:00
ReplicationQueuesClientArguments.html          100% 4349     8.5MB/s   00:00
ReplicationLoadSource.html                     100% 6290    13.1MB/s   00:00
ReplicationEndpoint.html                       100%   25KB  32.2MB/s   00:00
HBaseReplicationEndpoint.html                  100%   21KB  31.2MB/s   00:00
ReplicationQueuesClientZKImpl.html             100%   17KB  25.5MB/s   00:00
WALCellFilter.html                             100% 4413    11.1MB/s   00:00
ReplicationPeerConfigBuilder.html              100%   14KB  22.6MB/s   00:00
ReplicationTracker.html                        100% 5215    13.0MB/s   00:00
ReplicationUtils.html                          100% 4264    11.0MB/s   00:00
NamespaceTableCfWALEntryFilter.html            100%   17KB  28.3MB/s   00:00
ReplicationTrackerZKImpl.html                  100%   23KB  36.2MB/s   00:00
ChainWALEntryFilter.html                       100% 9737    21.5MB/s   00:00
BaseReplicationEndpoint.html                   100%   11KB  20.2MB/s   00:00
```

图 5-1-5　远程发送

步骤3： 启动HBase

在Hadoop已经启动成功的基础上，进入HBase的bin目录，示例代码如下：

```
cd /opt/hbase-2.0.1/bin
```

输入启动命令，示例代码如下：

```
./start-hbase.sh
```

启动结果如图5-1-6 所示。

```
[root@xiandian /opt/hbase-2.0.1/bin]# ./start-hbase.sh
SLF4J: Class path contains multiple SLF4J bindings.
SLF4J: Found binding in [jar:file:/opt/hbase-2.0.1/lib/slf4j-log4j12-1.7.25.jar!
/org/slf4j/impl/StaticLoggerBinder.class]
SLF4J: Found binding in [jar:file:/usr/local/hadoop/share/hadoop/common/lib/slf4
j-log4j12-1.7.10.jar!/org/slf4j/impl/StaticLoggerBinder.class]
SLF4J: See http://www.slf4j.org/codes.html#multiple_bindings for an explanation.
SLF4J: Actual binding is of type [org.slf4j.impl.Log4jLoggerFactory]
SLF4J: Class path contains multiple SLF4J bindings.
SLF4J: Found binding in [jar:file:/opt/hbase-2.0.1/lib/slf4j-log4j12-1.7.25.jar!
/org/slf4j/impl/StaticLoggerBinder.class]
SLF4J: Found binding in [jar:file:/usr/local/hadoop/share/hadoop/common/lib/slf4
j-log4j12-1.7.10.jar!/org/slf4j/impl/StaticLoggerBinder.class]
SLF4J: See http://www.slf4j.org/codes.html#multiple_bindings for an explanation.
SLF4J: Actual binding is of type [org.slf4j.impl.Log4jLoggerFactory]
```

图 5-1-6　启动 HBase 集群

进入HBase命令模式，示例代码如下：

```
./hbase shell
```

结果如图5-1-7所示。

```
[root@xiandian /opt/hbase-2.0.1/bin]# ./hbase shell
SLF4J: Class path contains multiple SLF4J bindings.
SLF4J: Found binding in [jar:file:/opt/hbase-2.0.1/lib/slf4j-log4j12-1.7.25.ja
/org/slf4j/impl/StaticLoggerBinder.class]
SLF4J: Found binding in [jar:file:/usr/local/hadoop/share/hadoop/common/lib/sl
j-log4j12-1.7.10.jar!/org/slf4j/impl/StaticLoggerBinder.class]
SLF4J: See http://www.slf4j.org/codes.html#multiple_bindings for an explanatio
SLF4J: Actual binding is of type [org.slf4j.impl.Log4jLoggerFactory]
HBase Shell
Use "help" to get list of supported commands.
Use "exit" to quit this interactive shell.
Version 2.0.1, r987f7b6d37c2fcacc942cc66e5c5122aba8fdfbe, Wed Jun 13 12:03:55 
T 2018
Took 0.0042 seconds
hbase(main):001:0>
```

图 5-1-7　hbase shell 命令

查看hbase状态，示例代码如下：

```
status
```

结果如图5-1-8所示。

```
hbase(main):001:0> status
1 active master, 0 backup masters, 2 servers, 0 dead, 1.0000 average load
Took 0.7687 seconds
hbase(main):002:0>
```

图 5-1-8　查看 hbase 状态

至此，HBase集群搭建完成。

【创建项目】考评记录

姓名		完成日期	
序号	考核内容	标准分	评分
01	搭建 HBase 集群	40	
02	测试 HBase 集群的启动操作	30	
03	测试 HBase 集群的停止操作	30	
总评分		100	

任务实现心得：

任务实训

任务实训	熟悉并掌握搭建HBase集群方法
任务目标	能够进行对HBase集群的启停操作
任务总结	

任务2 Java实现HBase表建立

任务描述

情境描述	小王的团队完成了HBase集群的搭建，小王要求加入API去实现对HBase的操作，首先为了验证可行性，需要编写一个Java程序操作HBase建表
任务分解	分析上面的工作情境，将任务分解如下： （1）编写连接HBase方法：创建工程，编写测试连接代码。 （2）创建表：通过Java代码封装HBase表的创建新表的指令。 （3）实现插入数据、更新数据、删除表的操作
任务准备	对表的增、删、改、查操作指令

任务目标

知识目标	掌握HBase对表的创建删除，数据的插入和更新的方法。 掌握扎实的Java操作HBase表的方法
技能目标	本任务中需要掌握以下技能： （1）学会HBase对表的创建删除，数据插入和更新的方法。 （2）能够编写Java程序实现对HBase表的操作
素质目标	理论与实战：在使用Java操作HBase对表增删改查的过程中，通过解决诸如连接错误等问题，将理论应用与实战项目

任务实现

启动成功的HBase集群，如果OpenJDK有更新的情况，需要自行修改~/.bashrc文件中OpenJDK的版本。

步骤1： 创建工程

本任务使用IntelliJ IDEA工具创建HBase项目，项目构建工具是Maven。

打开IntelliJ IDEA，新建一个Maven项目，GroupId是com.demo，Artifactid名字叫Java-HBase，如图5-2-1所示。

图 5-2-1 新建 Maven 项目

单击“Next”按钮，项目名称为Java HBase。单击“Finish”按钮，项目创建完毕，如图5-2-2所示。

图 5-2-2　填写项目名称

步骤2： 添加pom.xml内容

项目创建完成之后，在pom.xml文件中导入相关依赖包：

```
<dependencies>
<dependency>
<groupId>org.apache.hadoop</groupId>
<artifactId>hadoop-hdfs</artifactId>
<version>3.1.0</version>
</dependency>
<dependency>
<groupId>org.apache.hbase</groupId>
<artifactId>hbase-client</artifactId>
<version>2.0.0</version>
</dependency>
<dependency>
<groupId>junit</groupId>
<artifactId>junit</artifactId>
<version>4.11</version>
<scope>test</scope>
</dependency>
</dependencies>
```

单击下方的“import Changes”选项下载依赖包，如图5-2-3所示。

图 5-2-3　下载依赖包

右击test目录下的java目录，选择New->Package命令，新建一个HBase包，如图5-2-4所示。

图 5-2-4　新建包

单击“OK”按钮完成创建，然后对着该包右击，选择New->Java Class命令新建一个HBaseTest类，如图5-2-5所示。

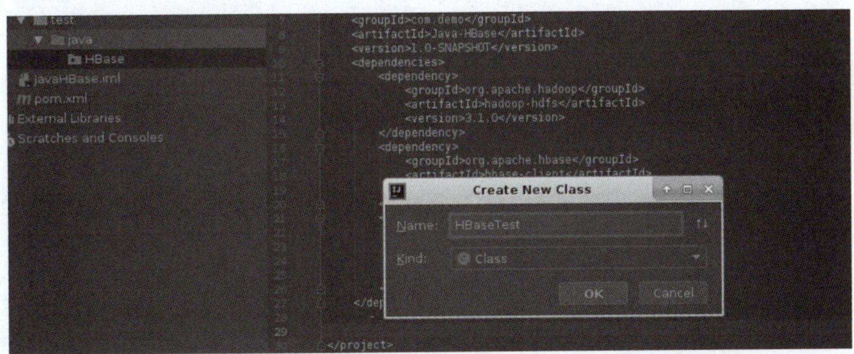

图 5-2-5　新建测试类

单击“OK”按钮完成创建。

步骤3： 实现Hbase建表的代码片段说明

（1）测试连接。

连接HBase，主要代码如下：

```
@Before
public void setUp() throws Exception {

    // 取得一个数据库连接的配置参数对象
    Configuration conf = HBaseConfiguration.create();

    // 设置连接参数：HBase 数据库所在的主机 IP
    conf.set("hbase.zookeeper.quorum", "IP 地址 ");
    // 设置连接参数：HBase 数据库使用的端口
    conf.set("hbase.zookeeper.property.clientPort", "2181");
    // 取得一个数据库连接对象
    connection = ConnectionFactory.createConnection(conf);

    // 取得一个数据库元数据操作对象
    admin = connection.getAdmin();
}
```

（2）创建表。

```
@Test
public void createTable() throws IOException{

    System.out.println("---------------创建表 START-----------------");

    // 数据表表名
    String tableNameString = "t_car";

    // 新建一个数据表表名对象
    TableName tableName = TableName.valueOf(tableNameString);

    // 如果需要新建的表已经存在
    if(admin.tableExists(tableName)){

        System.out.println("表已经存在！");
    }
    // 如果需要新建的表不存在
    else{
        // 数据表描述对象
        HTableDescriptor hTableDescriptor = new HTableDescriptor(tableName);
        // 列族描述对象
        HColumnDescriptor family= new HColumnDescriptor("base");
        // 在数据表中新建一个列族
        hTableDescriptor.addFamily(family);
        // 新建数据表
        admin.createTable(hTableDescriptor);
    }
    System.out.println("---------------创建表 END-----------------");
}
```

（3）插入数据。

```
@Test
public void insert() throws IOException{

    System.out.println("---------------插入数据 START-----------------");

    // 取得一个数据表对象
    Table table = connection.getTable(TableName.valueOf("t_car"));

    // 需要插入数据库的数据集合
    List<Put> putList = new ArrayList<Put>();

    Put put;

    // 生成数据集合
```

```
        for(int i = 0; i < 1000; i++){
            put = new Put(Bytes.toBytes("row" + i));
            put.addColumn(Bytes.toBytes("base"), Bytes.toBytes("name"),
Bytes.toBytes("carName" + i));
            putList.add(put);
        }

        // 将数据集合插入到数据库
        table.put(putList);

        System.out.println("---------------- 插入数据 END-----------------");
    }
```

(4) 删除表。

```
    @Test
    public void deleteTable() throws IOException{

        System.out.println("---------------- 删除表 START-----------------");

        // 设置表状态为无效
        admin.disableTable(TableName.valueOf("t_car"));
        // 删除指定的数据表
        admin.deleteTable(TableName.valueOf("t_car"));

        System.out.println("---------------- 删除表 End-----------------");
    }
```

(5) 更新表数据。

更新表数据和插入表数据一样，只需rowid对应上就行了：

```
    @Test
    public void updateTable() throws IOException{

        System.out.println("---------------- 更新 START-----------------");
        // 取得一个数据表对象
        Table table = connection.getTable(TableName.valueOf("t_car"));

        Put put = new Put(Bytes.toBytes("row" + 6));
        put.addColumn(Bytes.toBytes("base"), Bytes.toBytes("name"), Bytes.
toBytes("汽车名字"));
        table.put(put);

        System.out.println("---------------- 更新 End-----------------");
    }
```

步骤4： 实现HBase建表的完整代码

注意：

IP 地址是三台主机 IP 地址。

完整代码如下：

```
public class HBaseTest{
    private Connection connection;
    private Admin admin;
    @Before
    public void setUp() throws Exception {
        Configuration conf = HBaseConfiguration.create();
        conf.set("hbase.zookeeper.quorum", "10.26.0.3,10.26.0.37,10.26.0.45");
        conf.set("hbase.zookeeper.property.clientPort", "2181");
        connection = ConnectionFactory.createConnection(conf);
        admin = connection.getAdmin();
    }
    @Test
    public void createTable() throws IOException {
        System.out.println("---------------CREATE TABLE START-----------------");
        // table name
        String tableNameString = "t_car";

        // create a new table obj
        TableName tableName = TableName.valueOf(tableNameString);

        if(admin.tableExists(tableName)){

            System.out.println("the table is exits!");
        }

        else{

            HTableDescriptor hTableDescriptor = new HTableDescriptor(tableName);

            HColumnDescriptor family= new HColumnDescriptor("base");
            // create a new column
            hTableDescriptor.addFamily(family);

            admin.createTable(hTableDescriptor);
        }
        System.out.println("---------------create table END-----------------");
    }
    @Test
  public void insert() throws IOException{
```

```
            System.out.println("---------------insert data START-----------------");
          Table table = connection.getTable(TableName.valueOf("t_car"));

          List<Put> putList = new ArrayList<Put>();
          Put put;
          for(int i = 0; i < 1000; i++){
              put = new Put(Bytes.toBytes("row" + i));
              put.addColumn(Bytes.toBytes("base"), Bytes.toBytes("name"),
Bytes.toBytes("carName" + i));
              putList.add(put);
          }
          table.put(putList);

          System.out.println("---------------insert data END-----------------");
      }
      @Test
      public void updateTable() throws IOException{

          System.out.println("---------------update START-----------------");

          Table table = connection.getTable(TableName.valueOf("t_car"));

          Put put = new Put(Bytes.toBytes("row" + 6));
          put.addColumn(Bytes.toBytes("base"), Bytes.toBytes("name"),
Bytes.toBytes("car_name"));
          table.put(put);

          System.out.println("---------------update End-----------------");
      }
      @Test

      public void deleteTable() throws IOException{

          System.out.println("---------------delete table START-----------------");

          admin.disableTable(TableName.valueOf("t_car"));

          admin.deleteTable(TableName.valueOf("t_car"));

          System.out.println("---------------delete table End-----------------");
      }
  }
```

复制完代码之后，匹配JDK，单击“Attach annotations”按钮，如图5-2-6所示。

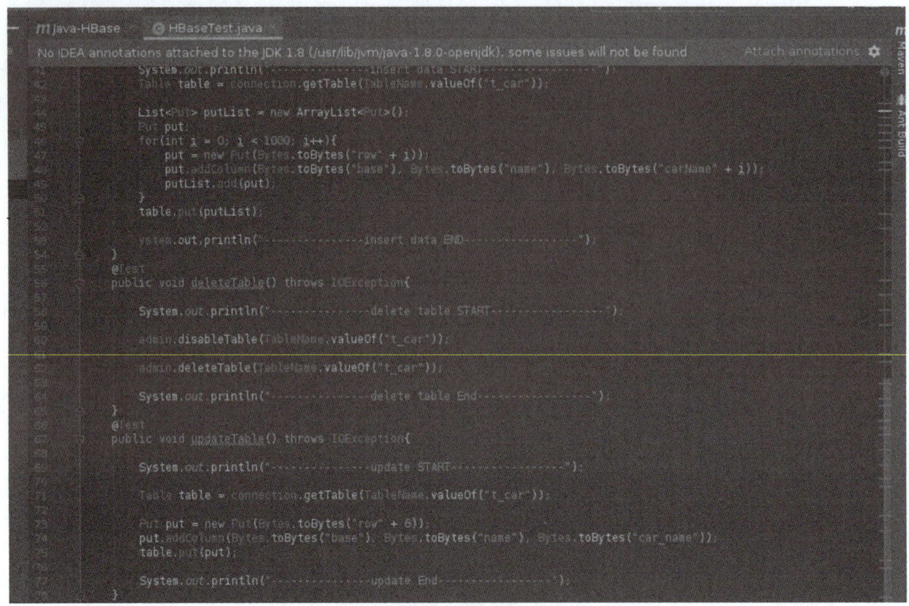

图 5-2-6　匹配 JDK

复制代码之后，导入相关依赖包，需要导入的依赖包如图5-2-7所示。

```
import org.apache.hadoop.conf.Configuration;
import org.apache.hadoop.hbase.HBaseConfiguration;
import org.apache.hadoop.hbase.HColumnDescriptor;
import org.apache.hadoop.hbase.HTableDescriptor;
import org.apache.hadoop.hbase.TableName;
import org.apache.hadoop.hbase.client.*;
import org.apache.hadoop.hbase.util.Bytes;
import org.junit.Before;
import org.junit.Test;
import java.io.IOException;
import java.util.ArrayList;
import java.util.List;
```

图 5-2-7　导入依赖包

接着开始运行代码，代码运行顺序遵照创建表->插入数据->更新数据->删除表的顺序。首先是创建表，单击创建表方法的运行键，结果如图5-2-8所示。

```
Run 'createTable()'    Ctrl+Shift+F10
Debug 'createTable()'
Run 'createTable()' with Coverage

// create a new table obj
TableName tableName = TableName.valueOf(tableNameString);
if(admin.tableExists(tableName)){
    System.out.println("the table is exits!");
}
else{

Tests passed: 1 of 1 test – 3 s 406 ms
/usr/lib/jvm/java-1.8.0-openjdk/bin/java ...
log4j:WARN No appenders could be found for logger (org.apache.hadoop.util.Shell).
log4j:WARN Please initialize the log4j system properly.
log4j:WARN See http://logging.apache.org/log4j/1.2/faq.html#noconfig for more info.
---------------CREATE TABLE START---------------
---------------create table END---------------

Process finished with exit code 0
```

图 5-2-8　创建表运行结果

接下来是插入数据，单击插入数据的运行键，结果如图5-2-9所示。

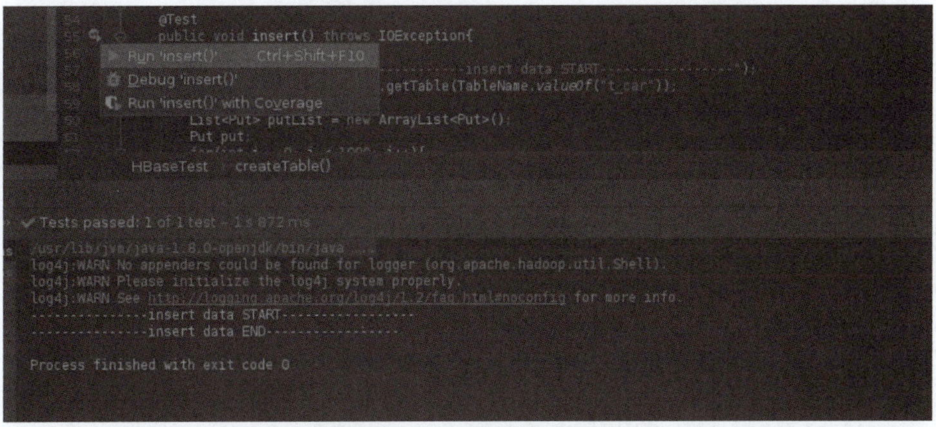

图 5-2-9 插入数据运行结果

接下来是更新数据，单击更新数据的运行键，结果如图5-2-10所示。

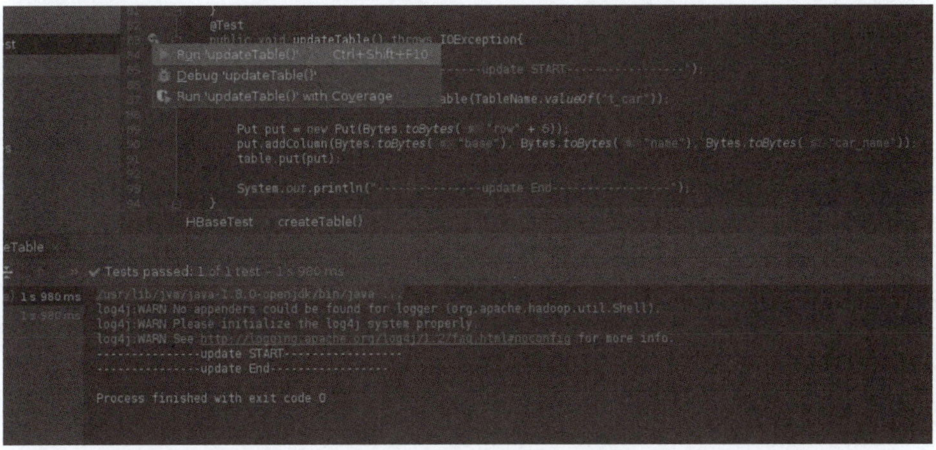

图 5-2-10 更新数据运行结果

最后是删除表，单击删除表方法的运行键，结果如图5-2-11所示。

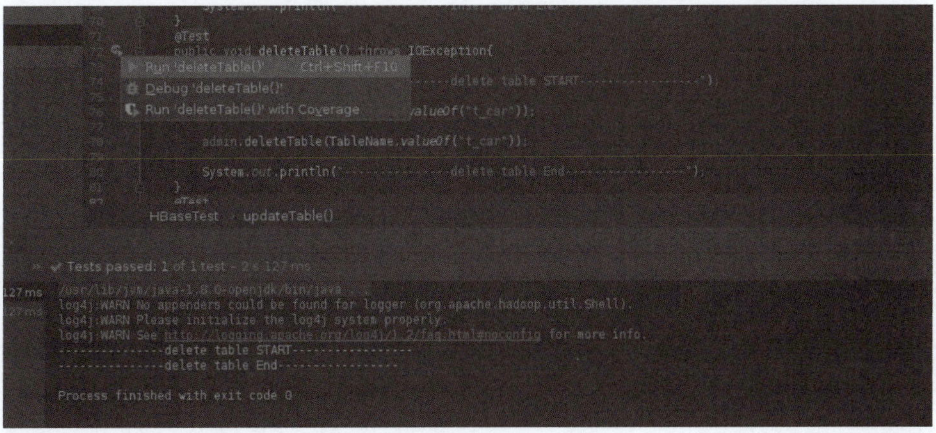

图 5-2-11 删除表及运行结果

任务考评

【创建项目】考评记录

姓名		完成日期	
序号	考核内容	标准分	评分
01	创建工程，编写测试连接代码	30	
02	通过 Java 代码封装 HBase 表的创建新表的指令	30	
03	实现插入数据、更新数据、删除表的操作	40	
总评分		100	

任务实现心得：

任务实训

任务实训	熟悉并掌握Java对HBase表的增删改查操作
任务目标	能够独立开发Java操作HBase表的程序
任务总结	

任务 3 数据的基本查询和过滤器查询

任务描述

情境描述	小王的团队完成了基于Java程序对HBase建表等操作，先需要验证Java操作HBase实现查询功能
任务分解	分析上面的工作情境，将任务分解如下： （1）实现单条数据的查询。 （2）实现多条数据的查询
任务准备	（1）实现单条数据的查询，按指定RowKey获取单条记录，get方法（org.apache.hadoop.hbase.client.Get）。 （2）实现多条数据的查询，按指定的条件获取多条记录，scan方法（org.apache.hadoop.hbase.client.Scan）

任务目标

知识目标	掌握Java操作HBase的查询方法。 掌握HBase的两种基本查询方法
技能目标	本任务中需要掌握以下技能： （1）能够通过按指定RowKey获取单条记录，然后使用Java封装成方法。 （2）能够通过按指定的条件获取多条记录，然后使用Java封装成方法
素质目标	总结与反思：使用Java操作HBase的查询方法、RowKey获取单条记录、使用Java封装成方法学习及使用后及时进行反思总结

任务实现

启动成功的HBase集群，如果OpenJDK有更新的情况，需要自行修改~/.bashrc 文件中的OpenJDK的版本。

步骤1: 过滤器代码示例

代码说明如下：

```
@Test
public void queryTableByCondition() throws IOException{

    System.out.println("---------------按条件查询表数据 START-----------------");

    // 取得数据表对象
    Table table = connection.getTable(TableName.valueOf("t_car"));

    // 创建一个查询过滤器
```

```
        Filter filter = new SingleColumnValueFilter(Bytes.toBytes("base"),
Bytes.toBytes("name"),CompareOperator.EQUAL, Bytes.toBytes("carName6"));

        // 创建一个数据表扫描器
        Scan scan = new Scan();

        // 将查询过滤器加入数据表扫描器对象
        scan.setFilter(filter);

        // 执行查询操作，并取得查询结果
        ResultScanner scanner = table.getScanner(scan);

        // 循环输出查询结果
        for (Result result : scanner) {
            byte[] row = result.getRow();
            System.out.println("row key is:" + new String(row));

            List<Cell> listCells = result.listCells();
            for (Cell cell : listCells) {

                byte[] familyArray = cell.getFamilyArray();
                byte[] qualifierArray = cell.getQualifierArray();
                byte[] valueArray = cell.getValueArray();

                System.out.println("row value is:" + new String(familyArray.
toString()) + new String(qualifierArray) + new String(valueArray));
            }
        }

        System.out.println("---------------按条件查询表数据 END-----------------");

    }
```

步骤2：数据查询完整代码

查询代码如下：

```
        /**
         * select whole table data
         */
        @Test
        public void queryTable() throws IOException{
            System.out.println("---------------select whole table data
START-----------------");
            //get table object
            Table table = connection.getTable(TableName.valueOf("t_car"));
            // get whole table data
            ResultScanner scanner = table.getScanner(new Scan());
```

```
            // print data
            for (Result result : scanner) {
                byte[] row = result.getRow();
                System.out.println("row key is:" + new String(row));

                List<Cell> listCells = result.listCells();
                for (Cell cell : listCells) {
                    byte[] familyArray = cell.getFamilyArray();
                    byte[] qualifierArray = cell.getQualifierArray();
                    byte[] valueArray = cell.getValueArray();
                    System.out.println("row value is:" + new String(familyArray)
+ new String(qualifierArray)+ new String(valueArray));
                }
            }
            System.out.println("---------------select whole talbe data
END-----------------");
        }

        /**
         * select data by rowkey
         */
        @Test
        public void queryTableByRowKey() throws IOException{
            System.out.println("---------------select data by rowkey
START-----------------");
            Table table = connection.getTable(TableName.valueOf("t_car"));
            Get get = new Get("row6".getBytes());
            Result result = table.get(get);

            byte[] row = result.getRow();
            System.out.println("row key is:" + new String(row));

            List<Cell> listCells = result.listCells();
            for (Cell cell : listCells) {

                byte[] familyArray = cell.getFamilyArray();
                byte[] qualifierArray = cell.getQualifierArray();
                byte[] valueArray = cell.getValueArray();

                System.out.println("family:" +new String(familyArray));
                System.out.println("qualifier:" + Bytes.toString(qualifierArray) );
                System.out.println("value:" + Bytes.toString(valueArray) );
            }
            System.out.println("---------------select data by rowkey END---
--------------");
        }
        /**
         * select data by conditions
```

```
     */
    @Test
    public void queryTableByCondition() throws IOException{
        System.out.println("----------------select data by conditions
START-----------------");
        Table table = connection.getTable(TableName.valueOf("t_car"));

        // create a filter
        Filter filter = new SingleColumnValueFilter(Bytes.toBytes("base"),
Bytes.toBytes("name"),CompareOperator.EQUAL, Bytes.toBytes("carName6"));
        Scan scan = new Scan();
        scan.setFilter(filter);
        ResultScanner scanner = table.getScanner(scan);

        for (Result result : scanner) {
            byte[] row = result.getRow();
            System.out.println("row key is:" + new String(row));
            List<Cell> listCells = result.listCells();
            for (Cell cell : listCells) {
                byte[] familyArray = cell.getFamilyArray();
                byte[] qualifierArray = cell.getQualifierArray();
                byte[] valueArray = cell.getValueArray();

                System.out.println("family:" +Bytes.toString(familyArray));
                System.out.println("qualifier:" + Bytes.toString(qualifierArray) );
                System.out.println("value:" + Bytes.toString(valueArray) );
            }
        }
        System.out.println("----------------select data by conditions
END-----------------");
    }
    /**
     * truncate table
     */
    @Test
    public void truncateTable() throws IOException{

        System.out.println("---------------truncate table START-----------------");
        TableName tableName = TableName.valueOf("t_car");
        admin.disableTable(tableName);
        admin.truncateTable(tableName, true);
        System.out.println("---------------truncate table end-----------------");
    }
    /**
     *delete row
     */
    @Test
    public void deleteByRowKey() throws IOException{
```

```
        System.out.println("---------------delete row START----------------");
        Table table = connection.getTable(TableName.valueOf("t_car"));
        Delete delete = new Delete(Bytes.toBytes("row2"));
        table.delete(delete);
        System.out.println("---------------delete row End----------------");

    }
```

添加代码之后，导入相关依赖包，需要的依赖包如图5-3-1所示。

```
import org.apache.hadoop.conf.Configuration;
import org.apache.hadoop.hbase.*;
import org.apache.hadoop.hbase.client.*;
import org.apache.hadoop.hbase.filter.Filter;
import org.apache.hadoop.hbase.filter.SingleColumnValueFilter;
import org.apache.hadoop.hbase.util.Bytes;
import org.junit.Before;
import org.junit.Test;
import java.io.IOException;
import java.util.ArrayList;
import java.util.List;
```

图 5-3-1　导入的包 7

依赖引入完成之后，首先运行创建表和插入数据的代码，以便进行查询。

注意：

查询出的结果会显示乱码，乱码不影响查询结果。

运行完毕之后，运行查询方法的代码，首先运行queryTable()方法来查询整表数据，单击queryTable()方法的运行键，运行结果如图5-3-2所示。

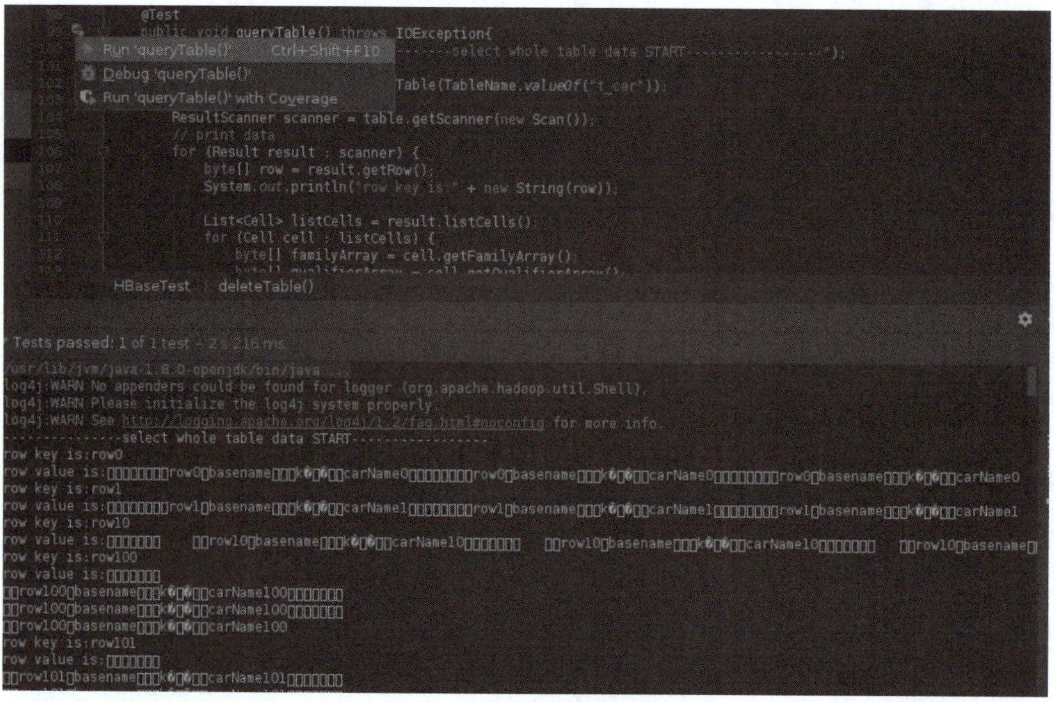

图 5-3-2　查询整表数据

接下来根据Rowkey查询数据，单击queryTabeByRowKey()方法的运行键，结果如图5-3-3所示。

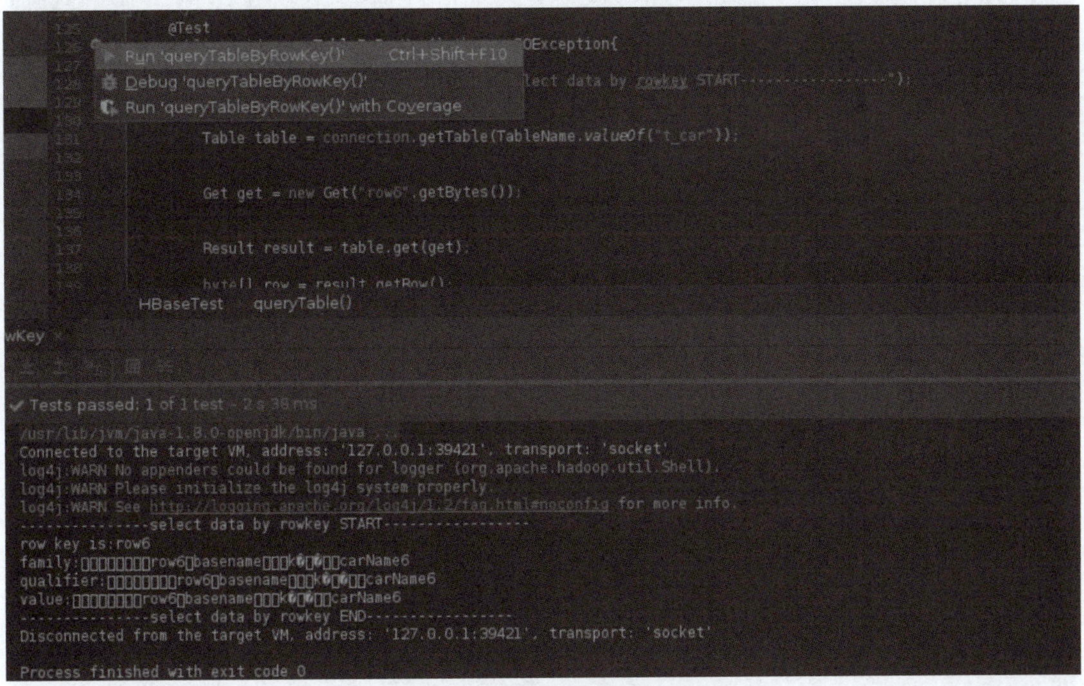

```
@Test
Run 'queryTableByRowKey()'    Ctrl+Shift+F10          IOException{
Debug 'queryTableByRowKey()'                          lect data by rowkey START----------------");
Run 'queryTableByRowKey()' with Coverage
        Table table = connection.getTable(TableName.valueOf("t_car"));

        Get get = new Get("row6".getBytes());

        Result result = table.get(get);

        byte[] row = result.getRow();
HBaseTest    queryTable()
```

```
Tests passed: 1 of 1 test - 2 s 38 ms
/usr/lib/jvm/java-1.8.0-openjdk/bin/java ...
Connected to the target VM, address: '127.0.0.1:39421', transport: 'socket'
log4j:WARN No appenders could be found for logger (org.apache.hadoop.util.Shell).
log4j:WARN Please initialize the log4j system properly.
log4j:WARN See http://logging.apache.org/log4j/1.2/faq.html#noconfig for more info.
----------------select data by rowkey START----------------
row key is:row6
family:□□□□□□□□row6□basename□□□k□□□□carName6
qualifier:□□□□□□□□row6□basename□□□k□□□□carName6
value:□□□□□□□□row6□basename□□□k□□□□carName6
----------------select data by rowkey END----------------
Disconnected from the target VM, address: '127.0.0.1:39421', transport: 'socket'

Process finished with exit code 0
```

图 5-3-3　通过 Rowkey 查询数据

接下来是通过条件查询，单击queryTableByConditiitons()方法的运行键，运行结果如图5-3-4所示。

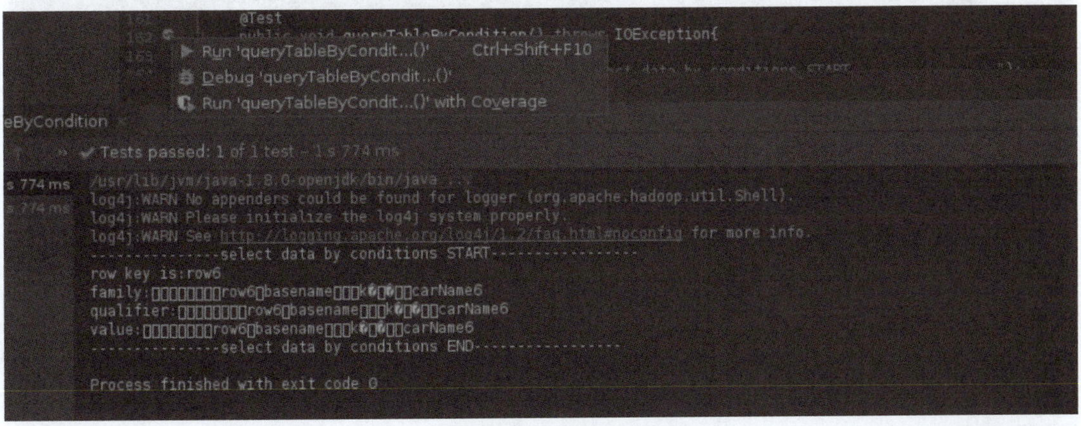

```
@Test
public void queryTableByCondition() throws IOException{
Run 'queryTableByCondit...()'    Ctrl+Shift+F10
Debug 'queryTableByCondit...()'
Run 'queryTableByCondit...()' with Coverage
```

```
Tests passed: 1 of 1 test - 1 s 774 ms
/usr/lib/jvm/java-1.8.0-openjdk/bin/java ...
log4j:WARN No appenders could be found for logger (org.apache.hadoop.util.Shell).
log4j:WARN Please initialize the log4j system properly.
log4j:WARN See http://logging.apache.org/log4j/1.2/faq.html#noconfig for more info.
----------------select data by conditions START----------------
row key is:row6
family:□□□□□□□□row6□basename□□□k□□□□carName6
qualifier:□□□□□□□□row6□basename□□□k□□□□carName6
value:□□□□□□□□row6□basename□□□k□□□□carName6
----------------select data by conditions END----------------

Process finished with exit code 0
```

图 5-3-4　条件查询

查询完成之后，清空表，单击truncateTable()方法的运行键，结果如图5-3-5所示。

```
@Test
public void truncateTable() throws IOException{
Run 'truncateTable()'    Ctrl+Shift+F10
Debug 'truncateTable()'          ---truncate table START----------------");
Run 'truncateTable()' with Coverage
        TableName tableName = TableName.valueOf("t_car");
        admin.disableTable(tableName);
    HBaseTest › queryTable()

✔ Tests passed: 1 of 1 test – 3 s 225 ms
/usr/lib/jvm/java-1.8.0-openjdk/bin/java ...
log4j:WARN No appenders could be found for logger (org.apache.hadoop.util.Shell).
log4j:WARN Please initialize the log4j system properly.
log4j:WARN See http://logging.apache.org/log4j/1.2/faq.html#noconfig for more info.
--------------truncate table START----------------
---------------truncate table end---------------

Process finished with exit code 0
```

图 5-3-5　清空表

接下来删除行，单击deleteByRowKey()方法的运行键，结果如图5-3-6所示。

```
@Test
public void deleteByRowKey() throws IOException{
Run 'deleteByRowKey()'    Ctrl+Shift+F10
Debug 'deleteByRowKey()'          -delete row START----------------");
Run 'deleteByRowKey()' with Coverage
        Table table = connection.getTable(TableName.valueOf("t_car"));

        Delete delete = new Delete(Bytes.toBytes( s: "row2"));

        table.delete(delete);

        System.out.println("---------------delete row End----------------");
    }

}
    HBaseTest › truncateTable()

✔ Tests passed: 1 of 1 test – 1 s 720 ms
/usr/lib/jvm/java-1.8.0-openjdk/bin/java ...
log4j:WARN No appenders could be found for logger (org.apache.hadoop.util.Shell).
log4j:WARN Please initialize the log4j system properly.
log4j:WARN See http://logging.apache.org/log4j/1.2/faq.html#noconfig for more info.
---------------delete row START----------------
---------------delete row End----------------

Process finished with exit code 0
```

图 5-3-6　删除行

【创建项目】考评记录

姓名		完成日期	
序号	考核内容	标准分	评分
01	实现单条数据的查询	50	
02	实现多条数据的查询	50	
总评分		100	

任务实现心得：

任务实训

任务实训	熟悉并掌握通过Java实现HBase查询的方法
任务目标	掌握通过Java实现HBase查询的方法
任务总结	

单元 6

Hive 部署

通过本单元的学习，使学生掌握数据仓库分析系统 Hive 的知识，培养学生安装和使用软件工具的能力。

知识目标

了解数据仓库分析系统 Hive 的作用。

技能目标

掌握操作数据仓库分析系统 Hive 的方法。

任务 1 本地模式安装 Hive

任务描述

情境描述	经过不懈的努力，小王的团队完成了HBase的集群部署及其基本功能的验证，接下来才是正式应用的时刻。此时小王和张亮发现，如果直接将HBase的数据读取出来放入MapReduce进行分布式处理，将是一个浩大的工程。 于是，经过研究决定引入基于Hadoop构建的一套数据仓库分析系统Hive，可以将SQL语句转换为MapReduce任务运行，使不熟悉MapReduce的用户可以很方便地利用SQL语言查询、汇总和分析数据。这样小王可以从繁重的工作中解脱处理，公司也不需要招聘新人，从而降低了用人成本。那么时间紧急，下一个版本即将发布，小王有一次召集团队快速部署Hive
任务分解	分析上面的工作情境，将任务分解如下： （1）完成Hive本地模式安装。 （2）配置Hive环境变量。 （3）配置hive-site.xml，配置hive-env.sh。 （4）完成数据库初始化，进入Hive的cli操作界面
任务准备	Hive是一个基于Apache Hadoop的数据仓库。对于数据存储与处理，Hadoop提供了主要的扩展和容错能力。 Hive设计的初衷是：对于大量的数据，使得数据汇总，查询和分析更加简单。它提供了SQL，允许用户更加简单地进行查询、汇总和分析数据。同时，Hive的SQL给予了用户多种方式来集成自己的功能，然后做定制化的查询，例如用户自定义函数（User Defined Functions，UDFs）

任务目标

知识目标	掌握Hive本地模式安装的方法。 掌握扎实的XML配置文件的知识
技能目标	本任务中需要掌握以下技能： （1）能够使用Hive本地模式进行安装。 （2）能够完成Hive配置文件的修改
素质目标	信念与价值：在Hive本地模式安装及配置修改的过程中，明确项目目标需求，培养工作过程中正确的信念感和价值观

任务实现

启动成功的Hadoop集群，MySql数据库；自行修改主机名和主机IP映射；如果OpenJDK有更新的情况，需要自行修改~/.bashrc 文件中的OpenJDK的版本。

注意：

本任务中 Hadoop 集群是两台，一台作为 Master，一台作为 Slave（Slave1 改为 Slave），所以少了对 Slave2 的配置，配置和启动方式与之前实验一致，MySql 单独占用一台节点。

现在的Hive本地模式中，基本都是以MySQL作为元数据储存的数据库（MySQL代替的是内嵌模式的Derby数据库）。

步骤1: 解压文件

在Hadoop集群任意节点，进入安装目录，执行如下命令：

```
cd /usr/local/apps/
```

解压上传的Hive压缩包，执行如下命令：

```
tar -zxvf apache-hive-2.3.3-bin.tar.gz
```

解压过程如图6-1-1所示。

```
apache-hive-2.3.3-bin/examples/files/kv1kv2.cogroup.txt
apache-hive-2.3.3-bin/examples/files/array_table.txt
apache-hive-2.3.3-bin/examples/files/z.txt
apache-hive-2.3.3-bin/examples/files/sales.txt
apache-hive-2.3.3-bin/examples/files/smb_bucket_input.txt
apache-hive-2.3.3-bin/examples/files/hive_626_count.txt
apache-hive-2.3.3-bin/examples/files/double.txt
apache-hive-2.3.3-bin/examples/files/lt100.sorted.txt
apache-hive-2.3.3-bin/examples/files/futurama_episodes.avro
apache-hive-2.3.3-bin/examples/files/x.txt
apache-hive-2.3.3-bin/examples/files/dec.avro
apache-hive-2.3.3-bin/examples/files/keystore_exampledotcom.jks
apache-hive-2.3.3-bin/examples/files/bool.txt
apache-hive-2.3.3-bin/examples/files/char_varchar_udf.txt
apache-hive-2.3.3-bin/examples/files/y.txt
apache-hive-2.3.3-bin/examples/files/store.txt
apache-hive-2.3.3-bin/examples/files/srcsortbucket1outof4.txt
apache-hive-2.3.3-bin/examples/files/extrapolate_stats_full.txt
apache-hive-2.3.3-bin/examples/files/complex.seq
apache-hive-2.3.3-bin/examples/files/json.txt
apache-hive-2.3.3-bin/examples/files/source.txt
```

图 6-1-1 解压安装包

解压之后进入Hive安装包，执行如下命令：

```
cd apache-hive-2.3.3-bin/
```

步骤2: 配置Hive的环境变量

使用pwd命令查看该Hive的路径，如图6-1-2所示。

```
[root@xiandian /usr/local/apps/apache-hive-2.3.3-bin]# pwd
/usr/local/apps/apache-hive-2.3.3-bin
[root@xiandian /usr/local/apps/apache-hive-2.3.3-bin]#
```

图 6-1-2 pwd 命令查看路径

复制该路径，然后进入环境变量的配置，执行如下命令：

```
vi ~/.bashrc
```

直接在该文件最后添加环境变量，内容如下：

```
export HIVE_HOME=/usr/local/apps/apache-hive-2.3.3-bin
```

将Hive的环境变量添加到PATH路径中，内容如下：

```
export PATH=$HIVE_HOME/bin:$PATH
```

变量内容截图如图6-1-3所示。

```
export HIVE_HOME=/usr/local/apps/apache-hive-2.3.3-bin
export PATH=$HIVE_HOME/bin:$PATH
```

图 6-1-3　配置环境变量

配置完成之后，保存并退出。

生效环境变量，执行如下命令：

```
source ~/.bashrc
```

结果如图6-1-4所示。

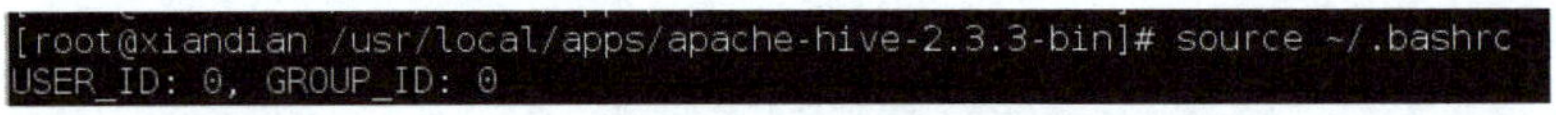

```
[root@xiandian /usr/local/apps/apache-hive-2.3.3-bin]# source ~/.bashrc
USER_ID: 0, GROUP_ID: 0
```

图 6-1-4　环境变量生效

步骤3： 移动Jar包

返回到/usr/local/apps目录下，执行如下命令：

```
cd /usr/local/apps
```

将mysql-connector-java-5.1.38.jar移动到专门用于存放jar包的Hive的目录下的lib目录下，执行如下命令：

```
mv mysql-connector-java-5.1.38.jar  /usr/local/apps/apache-hive-2.3.3-bin/lib
```

步骤4： 配置hive-site.xml

进入Hive目录下的conf目录中，执行如下命令：

```
cd apache-hive-2.3.3-bin/conf/
```

在conf目录中创建一个名为hive-site.xml的文本文件，执行如下命令：

```
touch hive-site.xml
```

进入hive-default.xml.templete文件中，执行如下命令：

```
vi hive-default.xml.template
```

复制hive-default.xml.template 文件的头部信息内容到hive-site.xml文件中，hive-site.xml文件复制完成之后需要在末尾加入</configuration>，完成内容如图6-1-5所示。

```
<?xml version="1.0" encoding="UTF-8" standalone="no"?>
<?xml-stylesheet type="text/xsl" href="configuration.xsl"?><!--
   Licensed to the Apache Software Foundation (ASF) under one or more
   contributor license agreements.  See the NOTICE file distributed with
   this work for additional information regarding copyright ownership.
   The ASF licenses this file to You under the Apache License, Version 2.0
   (the "License"); you may not use this file except in compliance with
   the License.  You may obtain a copy of the License at

       http://www.apache.org/licenses/LICENSE-2.0

   Unless required by applicable law or agreed to in writing, software
   distributed under the License is distributed on an "AS IS" BASIS,
   WITHOUT WARRANTIES OR CONDITIONS OF ANY KIND, either express or implied.
   See the License for the specific language governing permissions and
   limitations under the License.
--><configuration>
</configuration>
~
~
~
~
```

图 6-1-5　复制头部文件信息

在<configuration></configuration>之间将以下配置项进行配置，配置内容如下：

注意：

IP 地址是 mysql 主机所在的 IP。数据库账户是 root，密码也是 root。

```
<property>
<name>javax.jdo.option.ConnectionURL</name>
<value>jdbc:mysql://10.26.0.25:3306/hive?createDatabaseIfNotExist=true</value>
</property>

<property>
<name>javax.jdo.option.ConnectionDriverName</name>
<value>com.mysql.jdbc.Driver</value>
</property>

<property>
<name>javax.jdo.option.ConnectionUserName</name>
<value>root</value>
</property>
<property>
<name>javax.jdo.option.ConnectionPassword</name>
<value>root</value>
</property>
```

修改之后保存并退出。

修改结果如图6-1-6所示。

```
--><configuration>

<property>
<name>javax.jdo.option.ConnectionURL</name>
<value>jdbc:mysql://10.26.0.67:3306/hive?createDatabaseIfNotExist=true</value>
</property>

<property>
<name>javax.jdo.option.ConnectionDriverName</name>
<value>com.mysql.jdbc.Driver</value>
</property>

<property>
<name>javax.jdo.option.ConnectionUserName</name>
<value>root</value>
</property>
<property>
<name>javax.jdo.option.ConnectionPassword</name>
<value>root</value>
</property>

</configuration>
-- INSERT --
```

图 6-1-6　hive-site.xml 配置项

步骤5： 配置hive-env.sh

复制hive-env.sh.template 文件并改名为hive-env.sh，执行如下命令：

```
cp hive-env.sh.template hive-env.sh
```

然后编辑该文件，执行如下命令：

```
vi hive-env.sh
```

在末尾添加如下内容：

```
HADOOP_HOME=/usr/local/hadoop
export HIVE_CONF_DIR=/usr/local/apps/apache-hive-2.3.3-bin/conf
```

配置结果如图6-1-7所示。

```
# Folder containing extra libraries required for hive compilation/execution can
be controlled by:
# export HIVE_AUX_JARS_PATH=

HADOOP_HOME=/usr/local/hadoop

export HIVE_CONF_DIR=/usr/local/apps/apache-hive-2.3.3-bin/conf

-- INSERT --
```

图 6-1-7　hive-env.sh 配置项

修改完成之后保存并退出。

步骤6： 数据库初始化

进入到Hive的bin目录，执行如下命令：

```
cd  /usr/local/apps/apache-hive-2.3.3-bin/bin
```

数据库初始化，执行如下命令：

```
schematool -initSchema -dbType mysql
```

初始化成功之后如图6-1-8所示。

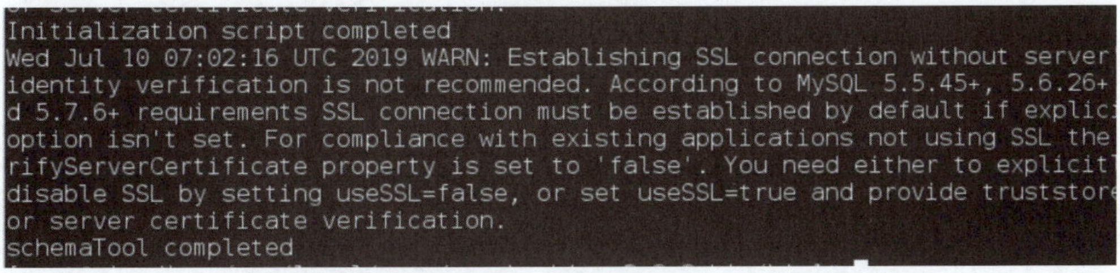

```
Initialization script completed
Wed Jul 10 07:02:16 UTC 2019 WARN: Establishing SSL connection without server
identity verification is not recommended. According to MySQL 5.5.45+, 5.6.26+
d 5.7.6+ requirements SSL connection must be established by default if explic
option isn't set. For compliance with existing applications not using SSL the
rifyServerCertificate property is set to 'false'. You need either to explicit
disable SSL by setting useSSL=false, or set useSSL=true and provide truststore
or server certificate verification.
schemaTool completed
```

图 6-1-8　初始化数据库

步骤7： 进入Hive的cli操作界面

上面所有步骤都执行完成之后，在开启了Hadoop的情况下，任意目录下直接输入Hive命令即可，进入Hive命令操作界面，如图6-1-9所示。

```
[root@xiandian /usr/local/apps/apache-hive-2.3.3-bin/bin]# hive
SLF4J: Class path contains multiple SLF4J bindings.
SLF4J: Found binding in [jar:file:/usr/local/apps/apache-hive-2.3.3-bin/lib/log4
j-slf4j-impl-2.6.2.jar!/org/slf4j/impl/StaticLoggerBinder.class]
SLF4J: Found binding in [jar:file:/usr/local/hadoop/share/hadoop/common/lib/slf4
j-log4j12-1.7.10.jar!/org/slf4j/impl/StaticLoggerBinder.class]
SLF4J: See http://www.slf4j.org/codes.html#multiple_bindings for an explanation.
SLF4J: Actual binding is of type [org.apache.logging.slf4j.Log4jLoggerFactory]

Logging initialized using configuration in jar:file:/usr/local/apps/apache-hive-
2.3.3-bin/lib/hive-common-2.3.3.jar!/hive-log4j2.properties Async: true
Hive-on-MR is deprecated in Hive 2 and may not be available in the future versio
ns. Consider using a different execution engine (i.e. spark, tez) or using Hive
1.X releases.
hive>
```

图 6-1-9　Hive 的 cli 窗口

执行Hive的命令语句查看是否安装成功。例如：显示所有数据库（Hive命令要使用分号结尾）。执行如下命令：

```
show databases;
```

显示结果如图6-1-10所示。

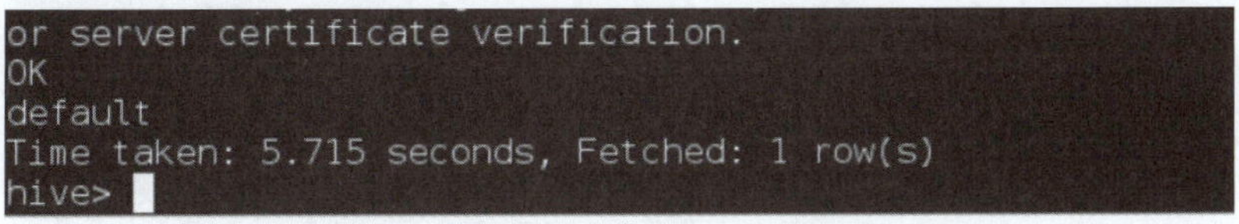

```
or server certificate verification.
OK
default
Time taken: 5.715 seconds, Fetched: 1 row(s)
hive>
```

图 6-1-10　Shell 操作显示所有数据库

任务考评

【创建项目】考评记录

姓名		完成日期	
序号	考核内容	标准分	评分
01	完成 Hive 本地模式安装	20	
02	配置 Hive 的环境变量	20	
03	配置 hive-site.xml，配置 hive-env.sh	30	
04	完成数据库初始化，进入 Hive 的 cli 操作界面	30	
总评分		100	

任务实现心得：

任务实训	熟悉并掌握Hive本地模式的安装
任务目标	能够独立进行Hive本地模式的安装
任务总结	

任务 2　Hive 的基本操作

任务描述

情境描述	小王有一次召集团队快速部署Hive。接下来需要验证Hive的基本操作了
任务分解	分析上面的工作情境，将任务分解如下： （1）创建和使用Hive数据库。 （2）完成对表的增删改查操作
任务准备	（1）创建表（由于Hive的命令类似于MySQL，此处参照MySQL的命令） 以下例子创建表page_view： CREATE TABLE page_view(viewTime INT, userid BIGINT, page_url STRING, referrer_url STRING, ip STRING COMMENT 'IP Address of the User') COMMENT 'This is the page view table' PARTITIONED BY(dt STRING, country STRING) STORED AS SEQUENCEFILE; （2）浏览表和分区 SHOW TABLES; （3）修改表 对已有的表进行重命名。如果表的新名字存在，则报错： ALTER TABLE old_table_name RENAME TO new_table_name; （4）删除表 删除表是删除已经建立在表上的任意索引。相关命令是： DROP TABLE pv_users;

任务目标

知识目标	掌握Hive的基本命令
技能目标	本任务中需要掌握以下技能： （1）能够操作Hive数据库。 （2）能够对表进行增删改查操作
素质目标	举一反三：在Hive数据库基础理论掌握的情况下对Hive数据库常用操作的理解与实践，做到举一反三

视频

用命令行对Hive进行数据查询和过滤

任务实现

启动成功的Hive，如果OpenJDK有更新的情况，需要自行修改~/.bashrc文件中的OpenJDK的版本。

步骤1：数据库操作

使用数据库的语法如下：

语法：use database_name;

通过use命令来使用Hive默认自带的数据库default，执行如下命令：

```
use default;
```

结果如图6-2-1所示。

```
hive> use default;
OK
Time taken: 0.055 seconds
hive>
```

图 6-2-1　使用数据库

新建数据库的语法如下：

```
CREATE (DATABASE|SCHEMA) [IF NOT EXISTS] database_name
 [COMMENT database_comment]
 [LOCATION hdfs_path]
 [WITH DBPROPERTIES (property_name=property_value, ...)];
```

建库语句中并不是所有字段都是必需的，所以在建库的时候可以根据业务需求进行建库，先创建一个最简单的数据库进行测试。执行如下命令：

```
CREATE DATABASE test;
```

创建完成的结果如图6-2-2所示。

```
hive> CREATE DATABASE test;
OK
Time taken: 0.226 seconds
hive>
```

图 6-2-2　简单数据库的创建

创建完成之后，使用查库语句，执行如下命令：

```
show databases;
```

发现Hive中数据库已经增加，如图6-2-3所示。

```
hive> show databases;
OK
default
test
Time taken: 0.019 seconds, Fetched: 2 row(s)
```

图 6-2-3　数据库成功创建

创建一个带有备注信息，并且指定数据库的储存路径的数据库，执行如下命令：

```
CREATE DATABASE test03 COMMENT 'another comment' LOCATION '/user/hive/new_
warehouse';
```

结果如图6-2-4所示。

```
hive> CREATE DATABASE test03 COMMENT 'another comment'
    > LOCATION '/user/hive/new_warehouse';
OK
Time taken: 0.031 seconds
hive>
```

图 6-2-4　创建复杂数据库

创建完成后，查看test03数据库的详细信息，执行如下命令：

语法：describe database database_name;

```
describe database test03;
```

查询结果如图6-2-5所示。

```
hive> describe database test03;
OK
test03  another comment hdfs://Master:9000/user/hive/new_warehouse      root    U
SER
Time taken: 0.022 seconds, Fetched: 1 row(s)
```

图 6-2-5　数据库详细信息

从图中可以看到，创建数据库时的备注信息和指定的路径已经改变。

步骤2： 表的操作

（1）表的创建。

前面已经提到，在创建表之前需要指定数据库，选择test这个数据库进行建表操作，执行如下命令：

```
use test;
```

结果如图6-2-6所示。

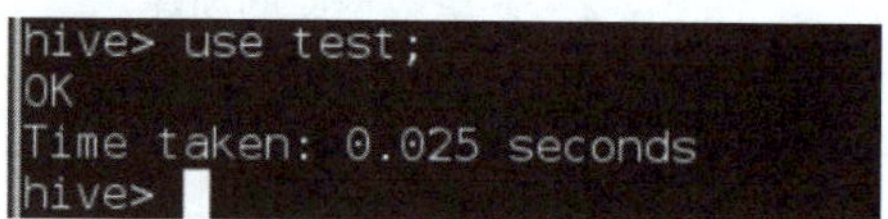

图 6-2-6　使用数据库

常用Hive建表语法如下：

```
CREATE [TEMPORARY] [EXTERNAL] TABLE [IF NOT EXISTS] [db_name.]table_name
[(col_name data_type [COMMENT col_comment], ...)]
[COMMENT table_comment]
[PARTITIONED BY (col_name data_type )]
[CLUSTERED BY (col_name, col_name, …)NTO num_buckets BUCKETS]
[ROW FORMAT row_format]
[LOCATION hdfs_path]
```

①简单的建表

首先建立一个简单的表，该表只有一个字段name，执行如下命令：

```
CREATE TABLE table01(name String);
```

结果如图6-2-7所示。

```
hive>
    > CREATE TABLE table01(name String);
OK
Time taken: 0.919 seconds
hive>
```

图 6-2-7 创建简单表

②创建带有多个字段并指定列分割符的表

该表有两个字段，为了在加载数据的时候方便，指定了字段的分隔符是'`'，可以根据业务数据需要进行修改数据的分割符，执行如下命令：

```
CREATE TABLE table01_new (name String,age Int) ROW FORMAT DELIMITED FIELDS TERMINATED BY '`';
```

结果如图6-2-8所示。

```
hive> CREATE TABLE table01_new (name String,age Int) ROW FORMAT DELIMITED FIELDS
 TERMINATED BY '`';
OK
Time taken: 0.088 seconds
hive>
```

图 6-2-8 创建带字段分割符的表

③创建分区表

创建一个分区表，该表有两个字段，name(String)和age(Int)，其中age作为分区字段，执行如下命令：

```
CREATE TABLE table02 (name String) PARTITIONED BY (age Int);
```

结果如图6-2-9所示。

```
hive> CREATE TABLE table02 (name String) PARTITIONED BY (age Int);
OK
Time taken: 0.058 seconds
hive>
```

图 6-2-9 创建分区表

创建好之后，查看该表的详细信息，执行如下命令：

```
desc table02;
```

结果如图6-2-10所示。

```
hive> desc table02;
OK
name                    string
age                     int

# Partition Information
# col_name              data_type               comment

age                     int
Time taken: 0.201 seconds, Fetched: 7 row(s)
hive>
```

图 6-2-10 分区表的详细信息

④创建分桶表

创建一个只有分桶的表table03，字段是name和age，有三个分桶，执行如下命令：

```
CREATE TABLE table03 (name String,age Int) CLUSTERED BY (name) INTO 3 BUCKETS;
```

结果如图6-2-11所示。

```
hive> CREATE TABLE table03 (name String,age Int) CLUSTERED BY (name) INTO 3 BUCK
ETS;
OK
Time taken: 0.118 seconds
hive>
```

图 6-2-11　创建分桶表

通过命令查看表结构信息，执行如下命令：

```
desc formatted table03;
```

结果如图6-2-12所示。

```
hive> desc formatted table03;
OK
# col_name              data_type               comment

name                    string
age                     int

# Detailed Table Information
Database:               test
Owner:                  root
CreateTime:             Tue Jul 16 02:10:03 UTC 2019
LastAccessTime:         UNKNOWN
Retention:              0
Location:               hdfs://Master:9000/user/hive/warehouse/test.db/table03
Table Type:             MANAGED_TABLE
Table Parameters:
        COLUMN_STATS_ACCURATE   {\"BASIC_STATS\":\"true\"}
        numFiles                0
        numRows                 0
        rawDataSize             0
        totalSize               0
        transient_lastDdlTime   1563243003

# Storage Information
SerDe Library:          org.apache.hadoop.hive.serde2.lazy.LazySimpleSerDe
InputFormat:            org.apache.hadoop.mapred.TextInputFormat
OutputFormat:           org.apache.hadoop.hive.ql.io.HiveIgnoreKeyTextOutputFormat

Compressed:             No
Num Buckets:            3
Bucket Columns:         [name]
Sort Columns:           []
Storage Desc Params:
        serialization.format    1
Time taken: 0.065 seconds, Fetched: 31 row(s)
hive>
```

图 6-2-12　查看分桶表的结构信息

（2）修改表。

① 修改表属性（内部表和外部表互转）

语法：ALTER TABLE table_name SET TBLPROPERTIES table_properties;

比如将上面的table01表转换成外部表，执行如下命令：

```
ALTER TABLE table01 SET TBLPROPERTIES ('EXTERNAL'='TRUE');
```

结果如图6-2-13所示。

```
hive> ALTER TABLE table01 SET TBLPROPERTIES ('EXTERNAL'='TRUE');
OK
Time taken: 0.113 seconds
hive>
```

图 6-2-13　修改表属性

操作完成之后，使用desc formatted命令查看table01表结构信息，执行如下命令：

```
desc formatted table01;
```

从下面的结果中可以看出，表类型这一栏可以看到显示的是外部表，如果是内部表会显示MANAGED_TABLE。结果如图6-2-14所示。

```
hive> desc formatted table01;
OK
# col_name              data_type               comment

name                    string

# Detailed Table Information
Database:               test
Owner:                  root
CreateTime:             Tue Jul 16 01:59:02 UTC 2019
LastAccessTime:         UNKNOWN
Retention:              0
Location:               hdfs://Master:9000/user/hive/warehouse/test.db/table01
Table Type:             EXTERNAL_TABLE
Table Parameters:
        COLUMN_STATS_ACCURATE   {\"BASIC_STATS\":\"true\"}
        EXTERNAL                TRUE
        last_modified_by        root
        last_modified_time      1563243196
        numFiles                0
        numRows                 0
        rawDataSize             0
        totalSize               0
        transient_lastDdlTime   1563243196

# Storage Information
SerDe Library:          org.apache.hadoop.hive.serde2.lazy.LazySimpleSerDe
InputFormat:            org.apache.hadoop.mapred.TextInputFormat
OutputFormat:           org.apache.hadoop.hive.ql.io.HiveIgnoreKeyTextOutputFormat
Compressed:             No
Num Buckets:            -1
Bucket Columns:         []
Sort Columns:           []
Storage Desc Params:
        serialization.format    1
Time taken: 0.063 seconds, Fetched: 33 row(s)
hive>
```

图 6-2-14　修改表类型后的信息

② 添加分区

语法如下：

```
ALTER TABLE table_name ADD [IF NOT EXISTS] PARTITION partition_spec
[LOCATION 'location'][, PARTITION partition_spec [LOCATION 'location'], …];
```

注意：

partition_spec 的格式：

(partition_column = partition_col_value, partition_column = partition_col_value, …)

添加分区是指对原来的已有的分区字段进行添加操作，比如table02表中原来分区字段是age，在age中再新添加一个分区age=8，执行如下命令：

```
ALTER TABLE table02 ADD PARTITION (age='8');
```

结果如图6-2-15所示。

```
hive> ALTER TABLE table02 ADD PARTITION (age='8');
OK
Time taken: 0.185 seconds
hive>
```

图 6-2-15　添加分区

修改后查看分区信息，执行如下命令：

```
show partitions table02;
```

查询结果如图6-2-16所示。

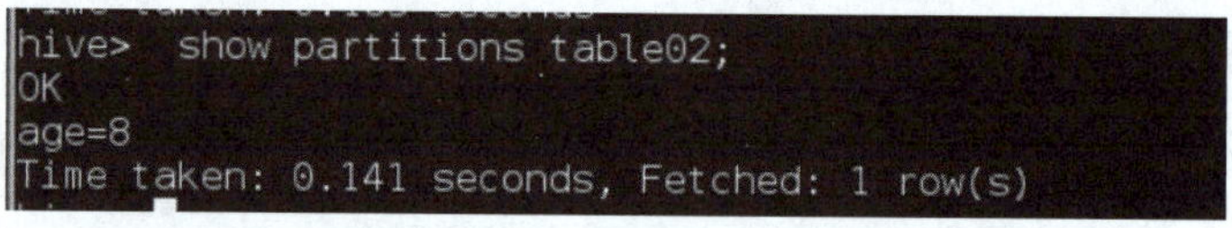

```
hive>  show partitions table02;
OK
age=8
Time taken: 0.141 seconds, Fetched: 1 row(s)
```

图 6-2-16　查看分区信息

③ 删除分区

语法如下：

```
ALTER TABLE table_name DROP [IF EXISTS] PARTITION partition_spec[, PARTITION
partition_spec, ...];
```

删除table02表中的age=8的这个分区，执行如下命令：

```
ALTER TABLE table02 DROP PARTITION (age=8);
```

删除分区截图如图6-2-17所示。

```
hive> ALTER TABLE table02 DROP PARTITION (age=8);
Dropped the partition age=8
OK
Time taken: 0.529 seconds
hive>
```

图 6-2-17　删除分区

执行后查看分区信息，发现已经没有age=8这个分区了。查询结果如图6-2-18所示。

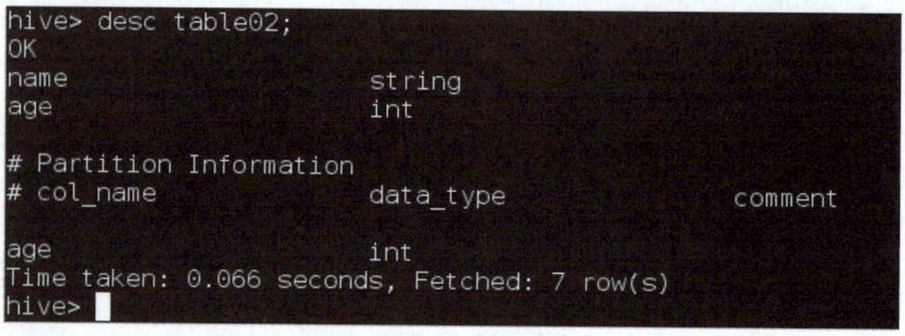

```
hive> desc table02;
OK
name                    string
age                     int

# Partition Information
# col_name              data_type               comment

age                     int
Time taken: 0.066 seconds, Fetched: 7 row(s)
hive>
```

图 6-2-18　查询分区

但是通过desc table02查看表信息的时候发现，该表仍然保留了分区字段。也就是说删除分区是删除指定的分区信息，并不删除分区的字段。

(3) 删除表。

删除表的命令的语法如下：

```
DROP TABLE [IF EXISTS] table_name;
```

删除table01，执行如下命令：

```
DROP TABLE table01;
```

删除表如图6-2-19所示。

```
hive> DROP TABLE table01;
OK
Time taken: 2.582 seconds
hive>
```

图 6-2-19 删除表

删除后查看所有表，显示结果已经没有table01表了。查询结果如图6-2-20所示。

```
hive> show tables;
OK
table01_new
table02
table03
Time taken: 0.026 seconds, Fetched: 3 row(s)
hive>
```

图 6-2-20 查询表

步骤3: 表数据的操作

(1) 数据的导入。

Hive表数据的导入常用的有两种方式，LOAD方式和INSERT方式。

① LOAD方式加载数据

语法如下：

```
LOAD DATA [LOCAL] INPATH 'filepath' [OVERWRITE] INTO TABLE tablename
[PARTITION (partcol1=val1, partcol2=val2 …)]
```

因前面的table01_new表指定了列分割符，所以选择此表进行创建。

首先用quit命令退出Hive，退出之后在/usr/local/apps目录下创建了一个test.txt文档，执行如下命令：

```
vi /usr/local/apps/test.txt
```

在文档中创建一些测试数据，name和age之间使用的分割符就是''这个符号，测试数据内容如下：

```
jack`23
bob`13
lucy`8
lily`9
linda`10
```

存放数据结果如图6-2-21所示。

```
jack`23
bob`13
lucy`8
lily`9
linda`10
```

图 6-2-21　存放测试数据

存放后，保存并退出。

再次使用Hive命令进入到Hive数据库中，使用test数据库，执行如下命令：

```
hive
use test;
```

将创建的数据导入到table01_new表中，执行如下命令：

```
LOAD DATA LOCAL INPATH '/usr/local/apps/test.txt' INTO TABLE table01_new;
```

执行结果如图6-2-22所示。

```
hive> LOAD DATA LOCAL INPATH '/usr/local/apps/test.txt' INTO TABLE table01_new;
Loading data to table test.table01_new
OK
Time taken: 2.445 seconds
hive>
```

图 6-2-22　向表中加载数据

导入后查询表中的数据，执行如下命令：

```
select * from table01_new;
```

查询结果显示为刚才加载的数据，如图6-2-23所示。

```
hive> select * from table01_new;
OK
jack    23
bob     13
lucy    8
lily    9
linda   10
Time taken: 1.956 seconds, Fetched: 5 row(s)
hive>
```

图 6-2-23　查询表数据

② INSERT方式插入数据

创建table01表（之前创建的table01表已经被删除），执行如下命令：

```
CREATE TABLE table01(name String);
```

创建完成之后把table01_new表中的name字段用查询方式筛选出来，再插入到table01表中，执行如下命令：

```
INSERT INTO table01 SELECT name FROM table01_new;
```

插入数据结果如图6-2-24所示。

```
hive> INSERT INTO table01 SELECT name FROM table01_new;
WARNING: Hive-on-MR is deprecated in Hive 2 and may not be available in the future vers
ions. Consider using a different execution engine (i.e. spark, tez) or using Hive 1.X r
eleases.
Query ID = root_20190716030522_4c03bc9e-c5b6-4425-a867-511414d77ec9
Total jobs = 3
Launching Job 1 out of 3
Number of reduce tasks is set to 0 since there's no reduce operator
Starting Job = job_1563240457736_0001, Tracking URL = http://Master:8088/proxy/applicat
ion_1563240457736_0001/
Kill Command = /usr/local/hadoop/bin/hadoop job  -kill job_1563240457736_0001
Hadoop job information for Stage-1: number of mappers: 1; number of reducers: 0
2019-07-16 03:05:30,644 Stage-1 map = 0%,  reduce = 0%
2019-07-16 03:05:35,926 Stage-1 map = 100%,  reduce = 0%, Cumulative CPU 1.73 sec
MapReduce Total cumulative CPU time: 1 seconds 730 msec
Ended Job = job_1563240457736_0001
Stage-4 is selected by condition resolver.
Stage-3 is filtered out by condition resolver.
Stage-5 is filtered out by condition resolver.
Moving data to directory hdfs://Master:9000/user/hive/warehouse/test.db/table01/.hive-s
taging_hive_2019-07-16_03-05-22_121_6711108088097614656-1/-ext-10000
Loading data to table test.table01
MapReduce Jobs Launched:
Stage-Stage-1: Map: 1   Cumulative CPU: 1.73 sec   HDFS Read: 3751 HDFS Write: 94 SUCCE
SS
Total MapReduce CPU Time Spent: 1 seconds 730 msec
OK
Time taken: 15.39 seconds
hive>
```

图 6-2-24　insert 方式插入数据

这种方式就需要在MapReduce上运行，但是由于没有涉及计算统计操作，所以只需要运行map任务。

③ 将数据插入分区表中

首先创建一个表table02_new，字段包含name(String)和age(Int)，将age作为分区字段，执行如下命令：

```
CREATE TABLE table02_new (name String) PARTITIONED BY (age Int);
```

结果如图6-2-25所示。

```
hive> CREATE TABLE table02_new (name String) PARTITIONED BY (age Int);
OK
Time taken: 0.125 seconds
hive>
```

图 6-2-25　创建分区表 table02_new

注意：

本来应该将数据LOAD到table02_new这个分区表中。但这里使用的是动态分区插入数据，动态分区插入数据只能用INSERT方法插入，不能使用之前的LOAD来加载数据。

插入数据前，需要设置所有列为dynamic动态分区，执行如下命令：

```
set hive.exec.dynamic.partition.mode=nonstrict;
```

设置动态分区如图6-2-26所示。

```
hive> set hive.exec.dynamic.partition.mode=nonstrict;
hive> 
```

图 6-2-26　设置所有列动态分区

设置完后在table02_new表中插入数据，执行如下命令：

```
INSERT INTO table02_new PARTITION (age) SELECT * FROM table01_new;
```

再次插入的时候就可以插入成功了，如图6-2-27所示。

```
hive> INSERT INTO table02_new PARTITION (age) SELECT * FROM table01_new;
WARNING: Hive-on-MR is deprecated in Hive 2 and may not be available in the future versions. Consider using a different execut
ion engine (i.e. spark, tez) or using Hive 1.X releases.
Query ID = root_20190716030945_dec93b62-8a3f-4c02-819f-439ebdf4a5dd
Total jobs = 3
Launching Job 1 out of 3
Number of reduce tasks is set to 0 since there's no reduce operator
Starting Job = job_1563240457736_0002, Tracking URL = http://Master:8088/proxy/application_1563240457736_0002/
Kill Command = /usr/local/hadoop/bin/hadoop job  -kill job_1563240457736_0002
Hadoop job information for Stage-1: number of mappers: 1; number of reducers: 0
2019-07-16 03:09:51,860 Stage-1 map = 0%,  reduce = 0%
2019-07-16 03:09:58,137 Stage-1 map = 100%,  reduce = 0%, Cumulative CPU 2.5 sec
MapReduce Total cumulative CPU time: 2 seconds 500 msec
Ended Job = job_1563240457736_0002
Stage-4 is selected by condition resolver.
Stage-3 is filtered out by condition resolver.
Stage-5 is filtered out by condition resolver.
Moving data to directory hdfs://Master:9000/user/hive/warehouse/test.db/table02_new/.hive-staging_hive_2019-07-16_03-09-45_230
_7211542478464270703-1/-ext-10000
Loading data to table test.table02_new partition (age=null)


Tue Jul 16 03:09:59 UTC 2019 WARN: Establishing SSL connection without server's identity verification is not recommended. Acco
rding to MySQL 5.5.45+, 5.6.26+ and 5.7.6+ requirements SSL connection must be established by default if explicit option isn't
 set. For compliance with existing applications not using SSL the verifyServerCertificate property is set to 'false'. You need
 either to explicitly disable SSL by setting useSSL=false, or set useSSL=true and provide truststore for server certificate ve
rification.
Tue Jul 16 03:09:59 UTC 2019 WARN: Establishing SSL connection without server's identity verification is not recommended. Acco
rding to MySQL 5.5.45+, 5.6.26+ and 5.7.6+ requirements SSL connection must be established by default if explicit option isn't
 set. For compliance with existing applications not using SSL the verifyServerCertificate property is set to 'false'. You need
 either to explicitly disable SSL by setting useSSL=false, or set useSSL=true and provide truststore for server certificate ve
rification.
Tue Jul 16 03:09:59 UTC 2019 WARN: Establishing SSL connection without server's identity verification is not recommended. Acco
rding to MySQL 5.5.45+, 5.6.26+ and 5.7.6+ requirements SSL connection must be established by default if explicit option isn't
 set. For compliance with existing applications not using SSL the verifyServerCertificate property is set to 'false'. You need
 either to explicitly disable SSL by setting useSSL=false, or set useSSL=true and provide truststore for server certificate ve
rification.
Tue Jul 16 03:09:59 UTC 2019 WARN: Establishing SSL connection without server's identity verification is not recommended. Acco
rding to MySQL 5.5.45+, 5.6.26+ and 5.7.6+ requirements SSL connection must be established by default if explicit option isn't
 set. For compliance with existing applications not using SSL the verifyServerCertificate property is set to 'false'. You need
 either to explicitly disable SSL by setting useSSL=false, or set useSSL=true and provide truststore for server certificate ve
rification.
         Time taken to load dynamic partitions: 0.42 seconds
         Time taken for adding to write entity : 0.001 seconds
MapReduce Jobs Launched:
Stage-Stage-1: Map: 1   Cumulative CPU: 2.5 sec   HDFS Read: 4063 HDFS Write: 337 SUCCESS
Total MapReduce CPU Time Spent: 2 seconds 500 msec
OK
Time taken: 14.812 seconds
```

图 6-2-27　动态分区加载数据过程

数据加载的过程中，由于Hive根据表创建时设定的分区字段进行分区，又开启了动态分区，数据根据分区字段的具体数据自动创建分区。这里分区字段age有五个不同的年龄，所以创建了五个分区。

可以查看该表的分区信息，执行如下命令：

```
show partitions table02_new;
```

查看分区信息结果，可以看见有五个分区，并且分区是根据年龄来创建的，结果如图6-2-28所示。

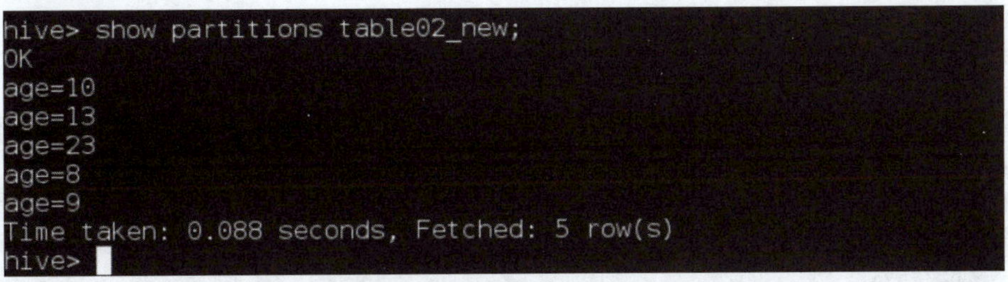

```
hive> show partitions table02_new;
OK
age=10
age=13
age=23
age=8
age=9
Time taken: 0.088 seconds, Fetched: 5 row(s)
hive>
```

图 6-2-28　查看动态分区

创建带有两个分区的表，分区字段是时间和年龄。插入数据时，时间是静态分区插入，年龄是动态分区插入，执行如下命令：

```
CREATE TABLE table04(name String) PARTITIONED BY(time String,age Int);
```

结果如图6-2-29所示。

```
hive> CREATE TABLE table04(name String) PARTITIONED BY(time String,age Int);
OK
Time taken: 0.054 seconds
hive>
```

图 6-2-29　创建表 table04

创建一个表table04_new来存放数据，字段分割符设置为逗号，执行如下命令：

```
CREATE TABLE table04_new(name String,time String,age Int) ROW FORMAT
DELIMITED FIELDS TERMINATED BY ',';
```

结果如图6-2-30所示。

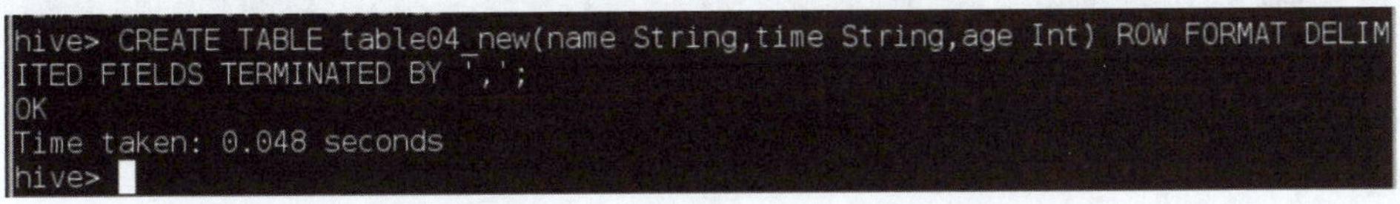

```
hive> CREATE TABLE table04_new(name String,time String,age Int) ROW FORMAT DELIM
ITED FIELDS TERMINATED BY ',';
OK
Time taken: 0.048 seconds
hive>
```

图 6-2-30　创建表 table04_new

创建后使用quit退出Hive，在/usr/local/apps/目录下创建测试数据文件test1.txt，执行如下命令：

```
vi /usr/local/apps/test1.txt
```

将测试数据复制进去，具体数据内容如下：

```
jack,201806,13
lily,201806,12
martin,201806,14
```

```
messi,201806,14
paul,201806,15
kobe,201806,11
bob,201806,12
lucy,201806,14
```

结果如图6-2-31所示。

```
jack,201806,13
lily,201806,12
martin,201806,14
messi,201806,14
paul,201806,15
kobe,201806,11
bob,201806,12
lucy,201806,14
```

图 6-2-31　加载测试数据

复制完成之后，保存并退出。

再次使用Hive命令进入到Hive数据库中，使用test数据库，执行如下命令：

```
hive
use test;
```

将数据加载到静态分区中，执行如下命令：

```
LOAD DATA LOCAL INPATH '/usr/local/apps/test1.txt' INTO TABLE table04_new;
```

结果如图6-2-32所示。

```
hive> LOAD DATA LOCAL INPATH '/usr/local/apps/test1.txt' INTO TABLE table04_new;

Loading data to table test.table04_new
OK
Time taken: 1.011 seconds
hive>
```

图 6-2-32　向静态分区加载数据

注意：

查看table04表的时候发现字段是三个，Hive的分区列是作为元信息存放在MySQL中的，并不在数据文件中，它们是以子目录的名字被使用的。因此分区表实际含有的数据列，是不包含分区列的，所以向分区表插入数据时，不能插入分区列。

将表table04_new中的数据插入table04表中，其中，time这一项是采用静态分区，age这一项是采用动态分区，执行如下命令：

```
INSERT INTO TABLE table04 PARTITION(time='201806',age) SELECT name,age
FROM table04_new where time='201806';
```

插入成功结果如图6-2-33所示。

```
hive> INSERT INTO TABLE table04 PARTITION(time='201806',age) SELECT name,age FROM table04_new where time='201806';
WARNING: Hive-on-MR is deprecated in Hive 2 and may not be available in the future versions. Consider using a different execut
ion engine (i.e. spark, tez) or using Hive 1.X releases.
Query ID = root_20190716032028_fc5d832d-82fc-4895-8ab3-4e88355c8d8e
Total jobs = 3
Launching Job 1 out of 3
Number of reduce tasks is set to 0 since there's no reduce operator
Starting Job = job_1563240457736_0003, Tracking URL = http://Master:8088/proxy/application_1563240457736_0003/
Kill Command = /usr/local/hadoop/bin/hadoop job  -kill job_1563240457736_0003
Hadoop job information for Stage-1: number of mappers: 1; number of reducers: 0
2019-07-16 03:20:37,385 Stage-1 map = 0%,  reduce = 0%
2019-07-16 03:20:43,718 Stage-1 map = 100%,  reduce = 0%, Cumulative CPU 2.88 sec
MapReduce Total cumulative CPU time: 2 seconds 880 msec
Ended Job = job_1563240457736_0003
Stage-4 is selected by condition resolver.
Stage-3 is filtered out by condition resolver.
Stage-5 is filtered out by condition resolver.
Moving data to directory hdfs://Master:9000/user/hive/warehouse/test.db/table04/time=201806/.hive-staging_hive_2019-07-16_03-2
0-28_149_7521344001169592230-1/-ext-10000
Loading data to table test.table04 partition (time=201806, age=null)


Tue Jul 16 03:20:45 UTC 2019 WARN: Establishing SSL connection without server's identity verification is not recommended. Acco
rding to MySQL 5.5.45+, 5.6.26+ and 5.7.6+ requirements SSL connection must be established by default if explicit option isn't
 set. For compliance with existing applications not using SSL the verifyServerCertificate property is set to 'false'. You need
 either to explicitly disable SSL by setting useSSL=false, or set useSSL=true and provide truststore for server certificate ve
rification.
Tue Jul 16 03:20:45 UTC 2019 WARN: Establishing SSL connection without server's identity verification is not recommended. Acco
rding to MySQL 5.5.45+, 5.6.26+ and 5.7.6+ requirements SSL connection must be established by default if explicit option isn't
 set. For compliance with existing applications not using SSL the verifyServerCertificate property is set to 'false'. You need
 either to explicitly disable SSL by setting useSSL=false, or set useSSL=true and provide truststore for server certificate ve
rification.
Tue Jul 16 03:20:45 UTC 2019 WARN: Establishing SSL connection without server's identity verification is not recommended. Acco
rding to MySQL 5.5.45+, 5.6.26+ and 5.7.6+ requirements SSL connection must be established by default if explicit option isn't
 set. For compliance with existing applications not using SSL the verifyServerCertificate property is set to 'false'. You need
 either to explicitly disable SSL by setting useSSL=false, or set useSSL=true and provide truststore for server certificate ve
rification.
Tue Jul 16 03:20:45 UTC 2019 WARN: Establishing SSL connection without server's identity verification is not recommended. Acco
rding to MySQL 5.5.45+, 5.6.26+ and 5.7.6+ requirements SSL connection must be established by default if explicit option isn't
 set. For compliance with existing applications not using SSL the verifyServerCertificate property is set to 'false'. You need
 either to explicitly disable SSL by setting useSSL=false, or set useSSL=true and provide truststore for server certificate ve
Loaded : 5/5 partitions.
         Time taken to load dynamic partitions: 0.416 seconds
         Time taken for adding to write entity : 0.001 seconds
MapReduce Jobs Launched:
Stage-Stage-1: Map: 1   Cumulative CPU: 2.88 sec   HDFS Read: 4636 HDFS Write: 329 SUCCESS
Total MapReduce CPU Time Spent: 2 seconds 880 msec
OK
Time taken: 17.536 seconds
```

图 6-2-33　字段匹配成功

然后查询表中的数据，执行如下命令：

```
SELECT * FROM table04;
```

结果如图6-2-34所示。

```
hive> SELECT * FROM table04;
OK
kobe    201806  11
lily    201806  12
bob     201806  12
jack    201806  13
martin  201806  14
messi   201806  14
lucy    201806  14
paul    201806  15
Time taken: 0.192 seconds, Fetched: 8 row(s)
hive> 
```

图 6-2-34　查询数据

任务考评

【创建项目】考评记录

姓名		完成日期	
序号	考核内容	标准分	评分
01	创建和使用 Hive 数据库	20	
02	完成创建表的操作	20	
03	完成更新表的操作	20	
04	完成删除表的操作	20	
05	完成查询表的操作	20	
总评分		100	
任务实现心得：			

任务实训

任务实训	熟悉并掌握Hive数据库安装与使用
任务目标	能够独立进行Hive数据库安装和操作
任务总结	

学习笔记

单元 7

Spark SQL 处理

通过本单元的学习，使学生主要掌握大数据平台 Spark SQL 处理的知识，培养学生安装和使用软件工具的能力。

知识目标

了解 Scala 语言语法和 Spark 的基础知识。

技能目标

掌握 Scala 环境的安装方法和 Spark 安装和配置方法。

任务 Spark SQL下载与安装

任务描述

情境描述	为了进一步提高分布式处理计算的速度，小王决定引入Spark组件
任务分解	分析上面的工作情境，将任务分解如下： （1）安装Scala环境。 （2）Spark安装和配置。 （3）同步Slave1和Slave2的配置。 （4）Spark启动
任务准备	Apache Spark是一种快速集群计算。它建立在Hadoop MapReduce之上，它扩展了MapReduce模型，以有效地使用更多类型的计算，包括交互式查询和流处理

任务目标

知识目标	掌握Spark组件的安装与基础配置
技能目标	本任务中需要掌握以下技能： （1）能够完成Spark组件的安装。 （2）能够完成Spark组件的基础配置
素质目标	职业思维：在完成Spark组件的基础配置的过程中，以职业化的角度，解决配置错误等问题，提升职业化思考问题的能力

任务实现

安装完成的Hadoop集群；需要自行修改主机名和IP地址映射，并自行启动Hadoop集群；如果OpenJDK有更新的情况，需要自行修改~/.bashrc文件中的OpenJDK的版本。

步骤1： 安装Scala环境

在Master节点进入/usr/local目录，解压缩文件包，执行如下命令：

```
cd /usr/local
tar -zxvf scala-2.11.8.tgz
```

解压过程如图7-1-1所示。

将scala-2.11.8重命名为scala，执行如下命令：

```
mv scala-2.11.8 scala
```

设置环境变量，执行如下命令：

```
vi ~/.bashrc
```

```
[root@xiandian /usr/local]# tar -zxvf scala-2.11.8.tgz
scala-2.11.8/
scala-2.11.8/man/
scala-2.11.8/man/man1/
scala-2.11.8/man/man1/scala.1
scala-2.11.8/man/man1/scalap.1
scala-2.11.8/man/man1/fsc.1
scala-2.11.8/man/man1/scaladoc.1
scala-2.11.8/man/man1/scalac.1
scala-2.11.8/bin/
scala-2.11.8/bin/scalac
scala-2.11.8/bin/fsc
scala-2.11.8/bin/fsc.bat
scala-2.11.8/bin/scala
scala-2.11.8/bin/scalap
scala-2.11.8/bin/scaladoc.bat
scala-2.11.8/bin/scaladoc
scala-2.11.8/bin/scalac.bat
scala-2.11.8/bin/scala.bat
scala-2.11.8/bin/scalap.bat
scala-2.11.8/doc/
scala-2.11.8/doc/tools/
scala-2.11.8/doc/tools/index.html
scala-2.11.8/doc/tools/scalap.html
```

图 7-1-1　解压安装包

打开profile文件后，在文档最下方添加如下配置内容：

```
export SCALA_HOME=/usr/local/scala
export PATH=$SCALA_HOME/bin:$PATH
```

配置结果如图7-1-2所示。

```
export SCALA_HOME=/usr/local/scala
export PATH=$SCALA_HOME/bin:$PATH
```

图 7-1-2　scala 环境变量

配置完成后，使用:wq命令保存退出。

引用环境变量，执行如下命令：

```
source ~/.bashrc
```

如图7-1-3所示。

```
[root@xiandian /usr/local]# source ~/.bashrc
USER ID: 0, GROUP ID: 0
```

图 7-1-3　引用环境变量

检查scala是否安装成功，在终端上执行如下命令：

```
scala
```

进入scala界面，如图7-1-4所示。

```
[root@xiandian /usr/local/scala]# scala
Welcome to Scala 2.11.8 (OpenJDK 64-Bit Server VM, Java 1.8.0_212).
Type in expressions for evaluation. Or try :help.

scala>
```

图 7-1-4　scala 界面

退出scala界面，执行如下命令：

```
:quit
```

结果如图7-1-5所示。

```
scala> :quit
[root@xiandian /usr/local/scala]#
```

图 7-1-5　退出 scala 界面

步骤2: Spark安装

进入/usr/local目录，解压spark安装包，执行如下命令：

```
tar -zxvf spark-2.2.0-bin-hadoop2.7.tgz
```

解压结果如图7-1-6所示。

```
spark-2.2.0-bin-hadoop2.7/bin/pyspark
spark-2.2.0-bin-hadoop2.7/bin/sparkR.cmd
spark-2.2.0-bin-hadoop2.7/bin/spark-class2.cmd
spark-2.2.0-bin-hadoop2.7/bin/run-example.cmd
spark-2.2.0-bin-hadoop2.7/bin/spark-submit2.cmd
spark-2.2.0-bin-hadoop2.7/bin/spark-class
spark-2.2.0-bin-hadoop2.7/bin/spark-submit
spark-2.2.0-bin-hadoop2.7/bin/spark-sql
spark-2.2.0-bin-hadoop2.7/bin/find-spark-home
spark-2.2.0-bin-hadoop2.7/bin/run-example
spark-2.2.0-bin-hadoop2.7/bin/beeline
spark-2.2.0-bin-hadoop2.7/bin/pyspark2.cmd
spark-2.2.0-bin-hadoop2.7/bin/spark-shell.cmd
spark-2.2.0-bin-hadoop2.7/bin/spark-class.cmd
spark-2.2.0-bin-hadoop2.7/bin/pyspark.cmd
spark-2.2.0-bin-hadoop2.7/bin/sparkR
spark-2.2.0-bin-hadoop2.7/bin/beeline.cmd
spark-2.2.0-bin-hadoop2.7/bin/sparkR2.cmd
spark-2.2.0-bin-hadoop2.7/bin/load-spark-env.sh
spark-2.2.0-bin-hadoop2.7/bin/load-spark-env.cmd
spark-2.2.0-bin-hadoop2.7/yarn/
spark-2.2.0-bin-hadoop2.7/yarn/spark-2.2.0-yarn-shuffle.jar
spark-2.2.0-bin-hadoop2.7/README.md
[root@xiandian /usr/local]#
```

图 7-1-6　解压 Spark 安装包

将spark-2.2.0-bin-hadoop2.7重命名为spark-2.2.0，执行如下命令：

```
mv spark-2.2.0-bin-hadoop2.7 spark-2.2.0
```

步骤3： Spark配置

配置环境变量，执行如下命令：

```
vi ~/.bashrc
```

在文件最末尾添加如下配置内容：

```
export SPARK_HOME=/usr/local/spark-2.2.0
export PATH=$PATH:$SPARK_HOME/bin
```

如图7-1-7所示。

```
export SPARK_HOME=/usr/local/spark-2.2.0
export PATH=$PATH:$SPARK_HOME/bin
```

图 7-1-7　配置 Spark 环境变量

配置完成后，使用:wq保存退出。

引用环境变量，执行如下命令：

```
source ~/.bashrc
```

如图7-1-8所示。

```
[root@xiandian /usr/local/scala]# source ~/.bashrc
USER_ID: 0, GROUP_ID: 0
```

图 7-1-8　引用环境变量

进入spark-2.2.0文件夹conf目录，执行如下命令：

```
cd spark-2.2.0/conf
```

然后需要配置spark-env.sh和slaves这两个文件。首先需要把缓存的文件spark-env.sh.template改为Spark能识别的文件spark-env.sh，执行如下命令：

```
mv spark-env.sh.template spark-env.sh
```

修改spark-env.sh文件，执行如下命令：

```
vi spark-env.sh
```

在spark-env.sh文件末尾添加如下配置内容：

注意：

这里的 JAVA_HOME 后面的配置即为 JDK 的安装路径。

```
export JAVA_HOME=/usr/lib/jvm/java-1.8.0-openjdk
export SCALA_HOME=/usr/local/scala
```

```
export HADOOP_HOME=/usr/local/hadoop
export HADOOP_CONF_DIR=/usr/local/hadoop/etc/hadoop
export SPARK_MASTER_HOST=Master
export SPARK_WORKER_MEMORY=4g
export SPARK_WORKER_CORES=2
export SPARK_WORKER_INSTANCES=1
```

如图7-1-9所示。

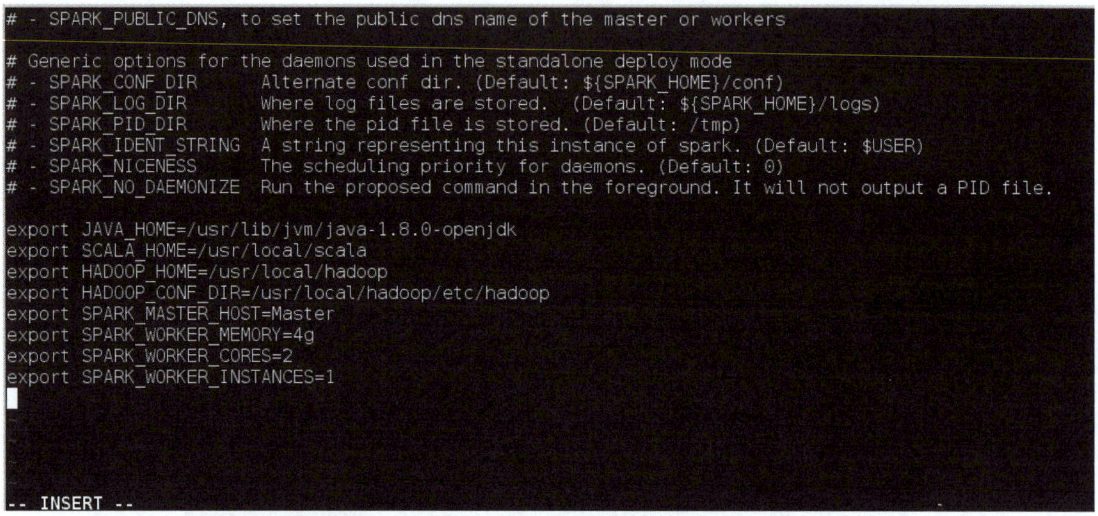

```
# - SPARK_PUBLIC_DNS, to set the public dns name of the master or workers

# Generic options for the daemons used in the standalone deploy mode
# - SPARK_CONF_DIR      Alternate conf dir. (Default: ${SPARK_HOME}/conf)
# - SPARK_LOG_DIR       Where log files are stored.  (Default: ${SPARK_HOME}/logs)
# - SPARK_PID_DIR       Where the pid file is stored. (Default: /tmp)
# - SPARK_IDENT_STRING  A string representing this instance of spark. (Default: $USER)
# - SPARK_NICENESS      The scheduling priority for daemons. (Default: 0)
# - SPARK_NO_DAEMONIZE  Run the proposed command in the foreground. It will not output a PID file.

export JAVA_HOME=/usr/lib/jvm/java-1.8.0-openjdk
export SCALA_HOME=/usr/local/scala
export HADOOP_HOME=/usr/local/hadoop
export HADOOP_CONF_DIR=/usr/local/hadoop/etc/hadoop
export SPARK_MASTER_HOST=Master
export SPARK_WORKER_MEMORY=4g
export SPARK_WORKER_CORES=2
export SPARK_WORKER_INSTANCES=1

-- INSERT --
```

图 7-1-9 spark-env.sh 配置

修改slaves.template的名称为slaves，并添加内容，执行如下命令：

注意：

此 slaves 文件是 Spark 的 slaves 文件，并不是 Hadoop 的 slaves 文件。

```
mv slaves.template slaves
vi slaves
```

在slaves文件末尾删除localhost，并添加如下内容：

```
Slave1
Slave2
```

结果如图7-1-10所示。

```
# A Spark Worker will be started on each of the machines listed bel
Slave1
Slave2
```

图 7-1-10 配置 slaves 文件

完成后按:wq保存退出。

步骤4： 同步Slave1和Slave2的配置

在此使用scp命令发送文件到其他两节点，执行如下命令：

```
scp -r /usr/local/spark-2.2.0 root@Slave1:/usr/local/
scp -r /usr/local/spark-2.2.0 root@Slave2:/usr/local/
```

过程如图7-1-11所示。

```
java-xmlbuilder-1.0.jar                      100%   10KB  14.8MB/s   00:00
stax-api-1.0-2.jar                           100%   23KB  22.2MB/s   00:00
hk2-locator-2.4.0-b34.jar                    100%  177KB  56.2MB/s   00:00
parquet-hadoop-bundle-1.6.0.jar              100% 2731KB  40.0MB/s   00:00
jsp-api-2.1.jar                              100%   98KB  50.4MB/s   00:00
xmlenc-0.52.jar                              100%   15KB  20.6MB/s   00:00
xbean-asm5-shaded-4.4.jar                    100%  141KB  46.6MB/s   00:00
jackson-core-asl-1.9.13.jar                  100%  227KB  63.3MB/s   00:00
shapeless_2.11-2.3.2.jar                     100% 3440KB  50.6MB/s   00:00
commons-collections-3.2.2.jar                100%  575KB  80.4MB/s   00:00
javax.inject-1.jar                           100% 2497     5.6MB/s   00:00
spark-sql_2.11-2.2.0.jar                     100% 6953KB  72.4MB/s   00:00
json4s-jackson_2.11-3.2.11.jar               100%   39KB  34.3MB/s   00:00
json4s-ast_2.11-3.2.11.jar                   100%   80KB  41.0MB/s   00:00
commons-codec-1.10.jar                       100%  278KB  52.8MB/s   00:00
leveldbjni-all-1.8.jar                       100% 1021KB  69.9MB/s   00:00
commons-httpclient-3.1.jar                   100%  298KB  60.9MB/s   00:00
aopalliance-repackaged-2.4.0-b34.jar         100%   14KB  18.3MB/s   00:00
hive-jdbc-1.2.1.spark2.jar                   100%   98KB  48.8MB/s   00:00
hadoop-yarn-server-common-2.7.3.jar          100%  379KB  72.6MB/s   00:00
```

图 7-1-11 发送给其他两台节点

步骤5： 启动Spark

注意：
不要直接执行 start-all.sh，否则会和 Hadoop 的启动冲突。

Hadoop与Spark均配置了环境变量，由于它们的sbin目录都存在start-all.sh命令，所以最好是进入spark-2.2.0/sbin目录，将start-all.sh重命名为start-spark.sh，执行如下命令：

```
cd /usr/local/spark-2.2.0/sbin
mv start-all.sh start-spark.sh
```

然后启动Spark，执行如下命令：

```
./start-spark.sh
```

结果如图7-1-12所示。

```
root@xiandian /usr/local/spark-2.2.0/sbin]# ./start-spark.sh
starting org.apache.spark.deploy.master.Master, logging to /usr/local/spark-2.2.
0/logs/spark--org.apache.spark.deploy.master.Master-1-9f5bad03847d.out
Slave1: starting org.apache.spark.deploy.worker.Worker, logging to /usr/local/sp
ark-2.2.0/logs/spark-root-org.apache.spark.deploy.worker.Worker-1-5ef924a160ac.o
ut
Slave2: starting org.apache.spark.deploy.worker.Worker, logging to /usr/local/sp
ark-2.2.0/logs/spark-root-org.apache.spark.deploy.worker.Worker-1-db0a745c6b98.o
ut
```

图 7-1-12 启动 Spark

成功启动之后，使用jps命令在Master、Slave1和Slave2节点上分别可以看到新开启的Master和Worker进程。

查询结果如图7-1-13、图7-1-14所示。

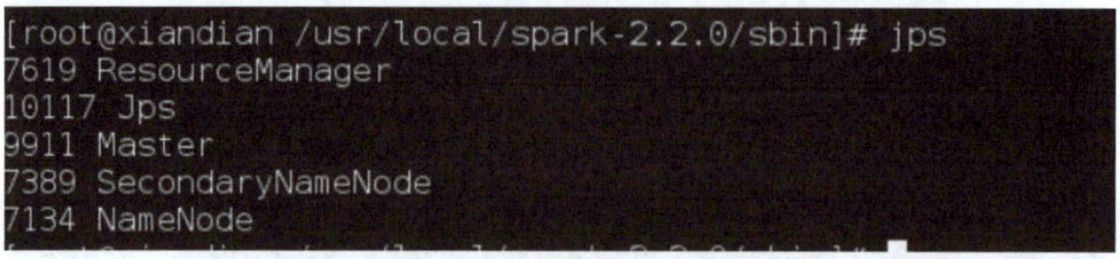

```
[root@xiandian /usr/local/spark-2.2.0/sbin]# jps
7619 ResourceManager
10117 Jps
9911 Master
7389 SecondaryNameNode
7134 NameNode
```

图 7-1-13　Master 节点进程

```
[root@xiandian /usr/local]# jps
6694 Worker
5195 NodeManager
6973 Jps
5038 DataNode
[root@xiandian /usr/local]#
```

图 7-1-14　Slave1 节点进程

成功打开Spark集群之后可以通过桌面的浏览器Chromium Web Browser，输入地址Master:8080访问，可见有两个正在运行的Worker节点，如图7-1-15所示。

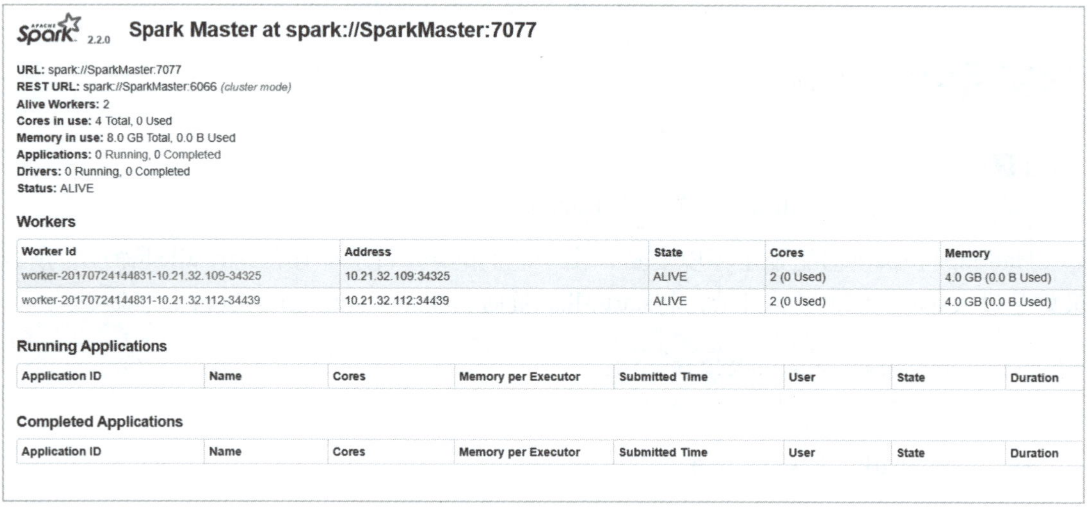

Spark 2.2.0 **Spark Master at spark://SparkMaster:7077**

URL: spark://SparkMaster:7077
REST URL: spark://SparkMaster:6066 *(cluster mode)*
Alive Workers: 2
Cores in use: 4 Total, 0 Used
Memory in use: 8.0 GB Total, 0.0 B Used
Applications: 0 Running, 0 Completed
Drivers: 0 Running, 0 Completed
Status: ALIVE

Workers

Worker Id	Address	State	Cores	Memory
worker-20170724144831-10.21.32.109-34325	10.21.32.109:34325	ALIVE	2 (0 Used)	4.0 GB (0.0 B Used)
worker-20170724144831-10.21.32.112-34439	10.21.32.112:34439	ALIVE	2 (0 Used)	4.0 GB (0.0 B Used)

Running Applications

Application ID	Name	Cores	Memory per Executor	Submitted Time	User	State	Duration

Completed Applications

Application ID	Name	Cores	Memory per Executor	Submitted Time	User	State	Duration

图 7-1-15　Spark 的 UI 界面

任务考评

【创建项目】考评记录

姓名		完成日期	
序号	考核内容	标准分	评分
01	安装 Scala 环境	10	
02	Spark 安装和配置	30	
03	同步 Slave1 和 Slave2 的配置	40	
04	Spark 的启动	20	
总评分		100	

任务实现心得：

任务实训

任务实训	熟悉并掌握Spark安装和配置
任务目标	能够独立进行Spark安装和配置
任务总结	

单元 8

项目结项

任务 产品发布及归档

任务描述

情境描述	三个月以来，张亮带领团队克服了一个又一个的困难，终于不负众望的完成所有任务，现在项目该结项了，只要完成最后阶段产品发布，就大功告成了
任务分解	分析上面的工作情境，将任务分解如下： （1）用户手册编写。 （2）产品发布。 （3）归档
任务准备	（1）对项目中出现的完整步骤进行截图，为编写用户手册做准备。 （2）对部署好的程序进行打包，将来可以自由扩展和部署到新的系统中。 （3）对1.0版本的所有程序进行归档保存

任务目标

知识目标	掌握项目基本流程。 掌握产品发布和归档方法
技能目标	本任务中需要掌握以下技能： （1）能够根据系统功能，完成用户手册的编写。 （2）能够进行产品发布和归档
素质目标	沟通与多维：在用户手册的编写过程中，团队及时沟通遇到的问题，并从多维角度进行全面思考，以始为终，用户先行

项目归档

项目归档表

项目名称		归档日期	
项目概况	建设单位		
	立项时间		
	验收时间		
	联系人		
	联系电话		
	项目团队		
	项目情况		
	项目负责人		
文档列表	文档名称	版本号	是否合格
	用户需求文档		
	需求分析报告		
	项目工作结构分解		
	程序文件结构		
	主要技术方案		
	测试报告		
	用户手册		
归档审核意见			

任务考评

【创建项目】考评记录

姓名		完成日期	
序号	考核内容	标准分	评分
01	用户手册编写	30	
02	产品发布	40	
03	归档	30	
总评分		100	

任务实现心得：

任务实训

任务实训	熟悉并掌握用户手册编写、产品发布和归档方法
任务目标	能够独立进行项目发布
任务总结	

单元 9

项目评价

任务 评价及总结

任务描述

情境描述	部门经理和项目经理将对每个角色进行评价，最后完成一个技术总结
任务分解	分析上面的工作情境，将任务分解如下： （1）项目经理对每个角色评价。 （2）技术总结
任务准备	设计评价标准

任务目标

知识目标	掌握项目基本流程。 掌握扎实的基础知识
技能目标	能够根据评价标准进行评价并反馈
素质目标	专业与概括：能够认真的针对每个任务的结果进行评价，给出反馈，提高解决问题的能力

任务实施

项目经理对每个角色评价

项目经理评价表													
开始日期					计划完成日期							实际完成日期	
步骤	1	2	3	4	5	6	7	8	9	10	11	综合得分	评语
任务 1													
任务 2													
任务 3													
任务 5													
任务 5													
双师签字													

技术总结

开始日期		计划完成日期		实际完成日期	
姓名		学号			
任务	学习的内容	技术总结		技术替代方案	
1					
2					
3					
4					
5					

考评记录

姓名		完成日期	
序号	考核内容	标准分	评分
01	项目经理对每个角色评价	50	
02	技术总结	50	
总评分		100	

任务实现心得：

任务实训

任务实训	熟悉并掌握评价方法
任务目标	能够独立进行项目技术总结
任务总结	

参考文献

[1] 杨正洪. 大数据技术入门[M]. 2版. 北京：清华大学出版社，2020.

[2] 余明辉，张良均. Hadoop大数据开发基础[M]. 北京：人民邮电出版社，2018.

[3] 李俊杰，谢志明. 大数据技术与应用基础项目教程[M]. 北京：人民邮电出版社，2017.

[4] 林子雨. 大数据技术原理与应用：概念、存储、处理、分析与应用[M]. 2版. 北京：人民邮电出版社，2017.